⚡ 만약 그때 우주공학이 있었다면? ⚡

일상을 바꾼
나사 스핀오프
기술 26

만약 그때 우주공학이 있었다면?

김상협, 김흥균, 정상민 지음

생각
학교

목차

1부   일상을 바꾼 나사의 기술

1장   신데렐라에게 무선 진공청소기가 있었다면   17

2장   겨울왕국 안나에게 동결건조식품이 없었다면   41

GPS, 진공청소기, 메모리폼 베개, 정수기, MRI….
없다면 얼마나 불편할지 상상조차 되지 않는 이 필수품들은
놀랍게도 '나사(NASA, 미국 항공우주국)'에서 우주개발과 탐
사를 위해 연구되었다가, 우리 일상으로 스며든 '스핀오프
(Spin-off)' 기술들입니다. 오래전부터 인류의 우주를 향한 도
전은 익히 들어왔지만, 물리적으로나 심리적으로나 여전히
멀게만 느껴졌던 우주가, 실은 무엇보다 가까이, 우리와 연결
되어 있었단 사실을 우리 주변의 물건들을 통해 느낄 수 있다
니 놀랍지 않나요?

처음 이 책은 순수한 정보 중심의 과학책으로 준비했었습니
다. 나사의 스핀오프 기술을 하나하나 소개하고, 개발 시기와
배경을 백과사전처럼 정리하려 했죠. 하지만 곧 깨달았습니
다. 이런 정보들은 이미 인터넷에서 쉽게 찾을 수 있고, 요즘
독자들은 책장을 넘기기보다 휴대폰을 스크롤하는 것이 더
익숙하다는 사실을요. 그래서 방향을 바꾸었습니다.

단순한 정보 제공을 넘어, 우주라는 극한 환경 속에서 인간

이 겪는 문제와 공학적 상상력을 발휘한 해결 과정, 그리고 그 기술이 다시 지구로 돌아와 우리 삶에 스며드는 과정을 보여 주는 책으로요. 거기에 재미있는 시도를 하나 더했습니다.

바로 친숙한 동화나 위인전 속 장면에 나사 스핀오프 기술을 접목해, 새로운 이야기로 재창조한 것이죠. '한석봉에게 야간투시경이 있었다면?' '원효대사에게 정수기가 있었다면?'처럼요. 말도 안 되는 상상처럼 들릴 수 있지만, 종종 이런 '터무니없는 상상'에서 시작되는 게 과학이니까요!

이 책은 과학책이면서 동시에 이야기책입니다. 12개의 '만약'이라는 질문과 총 24개의 짧은 이야기 속에 숨은 나사의 기술과, 그 기술 덕분에 우리가 어떤 편의를 누리고 있는지 추리하며 읽어보세요. 원래 알고 있던 이야기의 결말과 '나사의 기술'을 알게 된 주인공들의 최후는 어떻게 바뀌었을지 상상해 보면서요. 그러다 좀 더 과학적 원리를 알고 싶어진다면 각 이야기 끝에 추가된 '과학 톡톡' 부분을 참고하길 바랍니다.

웃으며 상상하고 놀다 보면, 과학은 여러분과 한층 더 가까워지고, 미래 과학의 주인공을 꿈꾸게 될지도 모릅니다. 책을 덮을 무렵, 여러분의 입가에는 미소가, 머릿속에는 새로운 질문 하나가 남기를 바랍니다.

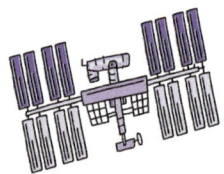

지구(Earth)

크기: 반지름 약 6,371㎞

자전 주기: 약 24시간

국제우주정거장(ISS)

중력: 미세중력상태

공전 주기: 약 90분마다 지구 한 바퀴

지구와의 거리: 지상 약 400㎞ 상공

인류에게 우주는 아직도 미지의 세계! 하지만 지구-달-화성으로 이어지는 구간에서 새로운 실험들이 진행되면서, 달·우주 탐험 기술이 조금씩 현실성을 갖추는 중이다.

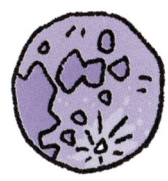

달(Moon)

중력: 지구 중력의 1/6

크기: 반지름 지구의 약 1/4

자전 주기: 약 27.32일
(자전 주기와 지구 공전 주기가 같
아서 지구에서는 달의 한쪽 면만
볼 수 있다)

지구와의 거리: 약 385,000km

화성(Mars)

중력: 지구 중력의 1/3

크기: 반지름 지구의 약 1/2

자전 주기: 약 24시간 37분
(=1솔)

지구와의 거리: 가장 가까울
때 약 5,400만km / 가장 멀
때 약 40,100만km

1부

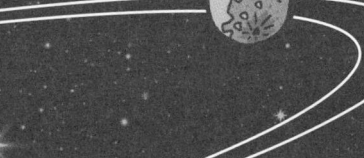

일상을 바꾼 나사의 기술

1장

신데렐라에게
무선 진공청소기가
있었다면

옛날 옛적, 신데렐라라는 소녀가 살고 있었습니다. 신데렐라의 어머니는 그녀가 어릴 때 세상을 떠났고, 아버지는 새엄마와 두 딸을 집으로 데려왔습니다. 처음에 세 모녀는 신데렐라에게 친절했지만, 아버지가 자주 집을 비우자 곧 본색을 드러냈지요.

"신데렐라, 이제부터 집안일은 네 몫이야. 청소, 빨래, 요리… 뭐든 다!"

신데렐라는 집안일에 지쳐, 벽난로 옆에서 재를 뒤집어쓴 채 잠들곤 했습니다. 어느 날, 나라 전역에 초대장이 퍼졌습니다. 왕자가 신부를 구하기 위해 파티를 연다는 소식이었습니다. 새엄마와 언니들은 흥분했습니다.

"드디어 내가 왕비가 될 기회야!"

"아니, 내가 왕비야!"

언니들이 다투는 사이, 신데렐라는 슬쩍 말했습니다.

"저도 파티 가고 싶은데요…."

그러자 새엄마는 비웃으며 말했지요.

"가고 싶으면 재 속에서 콩을 골라. 한 시간 안에 다 끝내면 생각해 볼게."

신데렐라는 재 속에 묻힌 콩을 골라내기 시작했지만 콩이 너무 많았습니다. 그녀는 새들을 불러 도움을 요청했습니다.

"얘들아, 너희만 믿을게!"

새들은 날아와 빠르게 콩을 골라냈습니다. 덕분에 신데렐라는 한숨을 돌렸지만, 새엄마는 돌아와 신데렐라를 비웃으며 말했습니다.

"아직 멀었어. 이번엔 더 많은 재와 콩을 가져왔지!"

그녀는 재 한 자루와 콩을 바닥에 쏟아부었습니다. 새들도 충격을 받은 듯 날개를 퍼덕이며 난리였어요. 새엄마의 악독한 인성은 조류계에서도 유명했지만 이 정도로 못된 사람인 줄 몰랐던 것이었지요. 신데렐라와 새들이 절망에 빠져 있을 때, 한 똑똑한 새가 뭔가를 입에 물고 나타났습니다. 바로 무선 진공청소기!

"이게 뭐야? 어디서 가져왔어?"

"저기 먼 나라의 나사라는 회사에서 달에 있는 먼지를 빨아들이기 위해 만들었다나? 아무튼 그걸 옆집 마녀가 갖고 있어서 빌려 왔지."

무선 진공청소기의 위력은 대단했습니다. 무거운 콩을 남겨두고 가벼운 재만 순식간에 빨아들인 덕분에 신데렐라는 시간 안에 일을 마칠 수 있었어요. 하지만 새엄마와 언니들은 이미 파티장으로 떠난 후였습니다.

— ○ —

무선 청소기가 만들어진 게 달 탐사 덕분이라고?

무선 진공청소기 덕분에 콩 고르기를 무사히 끝낸 신데렐라. 과연 무도회에 늦지 않고 왕자를 만날 수 있을까? 그건 뒤에서 차차 알아보기로 하고, 잠깐 흥미로운 사실 하나를 살펴보자. 우리가 집에서 흔히 쓰는 무선 청소기, 알고 보니 미 항공우주국 '나사'와 관련이 있다는 거!

먼저 진공청소기의 원리를 살펴보자. 청소기 안에는 1초에

10,000번 이상 회전하는 작은 전기 모터와 날개가 들어 있어. 이 날개가 빠르게 돌면서 청소기 내부의 공기를 밀어내면, 외부 공기가 안으로 빨려 들어와. 이때 공기와 함께 바닥의 먼지나 부스러기도 같이 딸려 들어오면서 청소가 되는 거야. 요즘에는 전선을 연결하지 않아도 되는 무선 진공청소기가 보편화되었는데, 바로 이 기술이 나사의 달 탐사와 맞닿아 있지.

1960년대 후반, 나사는 '아폴로 프로그램(Apollo Program)'을 통해 인류 최초의 달 착륙을 준비하고 있었어. 가장 중요한 임무는 달 표면의 암석과 토양 샘플을 채취하는 일이었는데, 달과 지구, 우주의 탄생 비밀을 푸는 열쇠가 그 안에 있었거든. 하지만 작업은 생각보다 쉽지 않았어. 달은 삽 같은 도구로 땅을 파도 잘 들어가지 않았어. 마치 딱딱한 땅 위에 삽을 내려쳐도 자꾸 튕겨 나가는 것처럼 말이야. 실제로 아폴로 초반 임무에서는 국자, 집게, 갈퀴 같은 단순한 도구들로 표면의 흙과 돌을 긁어모으는 데 그쳤어. 하지만 과학자들은 달 표면의 얕은 흙만으로는 부족하다고 생각했지. 달의 조금 더 깊은 곳에서 토양을 채취해야 더 많은 연구를 진행할 수 있었거든.

하지만 달 깊숙한 곳의 토양을 채취하는 건 당시 나사가 가지고 있던 도구로는 불가능했기에, 나사는 이 문제를 풀기 위한 새로운 기술을 찾아야 했어.

콘센트 없는 우주에서 살아남아라

여기서 나사가 주목한 장비는 바로 전기 드릴이었어. 드릴을 활용한다면 달 안쪽의 토양 채취는 가능해 보였지. 하지만 '우주에서 어떻게 드릴을 사용하나'는 질문도 함께 떠올랐어. 우주에서의 드릴 사용에는 두 가지 난관이 있었거든.

첫째, 달에는 전기를 꽂을 콘센트가 없어. 전원선을 연결할 수 없으니 배터리를 써야 했는데, 당시 배터리는 무겁고 전기 에너지의 저장 용량이 적었어. 둘째, 우주비행사들은 두꺼운 우주복에 장갑까지 끼고 있었어. 그래서 크고 무거운 장비를 들고 다니는 건 물론이고, 섬세한 손동작도 거의 불가능했지. 쉽게 말하면, 가볍고 효율이 좋은, 힘센 드릴이 필요했던 거야.

가벼운 무게 → 우주복 입은 채 들고 다닐 수 있어야 하니까.

모터의 높은 효율 → 충전 없이 오래 사용해야 하니까.

강한 힘을 가진 모터 → 작은 힘으로도 땅을 뚫어야 하니까.

이 문제를 해결하기 위해 나사는 전동 공구 전문 회사 블랙앤데커(Black&Decker)와 함께 손을 잡았어. 그 결과 '고효율 전기 모터'와 배터리를 오래 쓰게 해주는 '배터리 제어 기술'

이 개발되었지. 이 기술 덕분에 우주비행사들은 달 표면 아래
에 있던 토양과 암석 샘플을 성공적으로 가져올 수 있었어.

재미있는 건 그다음이야. 블랙앤데커는 "이 기술을 지구에
서도 쓸 수 없을까?" 고민했어. 그래서 드릴에만 쓰지 않고 여
러 생활 공구에 적용했지. 그 결과 무선 드라이버, 무선 그라
인더 같은 편리한 도구들이 탄생했어. 여기서 한 발 나아가,
드릴 대신 작은 날개를 달아, 공기를 빨아들이는 장치로 변신
시켰어. 이게 바로 최초의 무선 청소기 더스트버스터(Dust-
buster)야. 달에서 암석을 캐기 위해 개발된 첨단 기술이 우리
집 거실까지 들어온 셈이지.

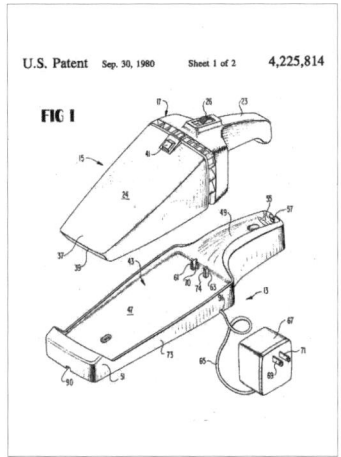

(좌) 무선 전동 드릴을 사용해 달의 흙을 채취하는 아폴로 우주비행사, (우) 1979년 1월 출시된 최초의 무선 진공청소기 더스트버스터 설계도

출처: Smithsonian 역사박물관

그럼 이젠 나사 스핀오프의 대표주자 무선 청소기에 숨은 기술을 더 자세하게 알아볼까?

무선 기술의 핵심! 배터리 전력 제어 기술

배터리에서 나온 전기가 그대로 모터로 가면 어떻게 될까? 전류가 들쭉날쭉해서 금방 힘이 약해지거나 배터리가 빨리 닳아버려. 그래서 꼭 필요한 게 전력 제어 장치라는 건데, 이 장치는 전류를 일정하게 조절해 모터가 항상 같은 힘으로 돌아가게 해줘. 덕분에 배터리를 더 오래, 안정적으로 쓸 수 있지. 달 탐사 무선 드릴에 들어간 제어 장치는 손바닥보다 작은 회로판으로, 배터리와 모터 사이에 끼워져 있어. 겉에서 보면 단순한 검은 박스이지만, 사실은 전기를 똑똑하게 관리하는 두뇌 역할을 하는 거야. 이 기술은 요즘 스마트폰 배터리 관리나 전기차 주행 거리 늘리기에도 꼭 쓰이는 중요한 기술이란다.

브러시리스 직류 모터(BLDC 모터)

모터는 전기를 흘려보내 전기와 자기의 힘으로 회전하는 장치야. 옛날 모터는 '브러시'라는 부품으로 회전하는 부분과 정지한 부분을 연결했는데, 브러시가 계속 닿아 있어서 마찰이 생기고, 소음이 컸어. 브러시를 없앤 브러시리스(Brushless) 모터는 마찰이 거의 없고, 조용하면서도 강력하게 오래 회전할 수 있어. 작은 힘으로도 큰 효과를 내는 이 기술 덕분에 청소기는 가볍고 강력해졌고, 지금은 드론, 전기차, 로봇까지 이 모터로 움직이고 있지.

니켈 카드뮴 배터리에서 리튬 이온 배터리로

무선 청소기 초창기에는 무겁고 수명이 짧은 니켈 카드뮴 배터리가 쓰였어. 충전은 오래 걸리고 사용 시간은 짧아 불편했지. 하지만 리튬 이온 배터리가 등장하면서 상황은 완전히 달라졌어. 리튬은 매우 가벼운 금속 원소로, 전기 저장 능력이 뛰어나. 배터리 안에는 양극(+), 음극(-), 전해질이라는 세 부분이 있는데, 충전할 때는 리튬 이온이 음극으로 이동해서 전기를 저장하고, 사용할 때는 리튬 이온이 다시 양극으로 돌아가면서 전기가 흘러. 이렇게 리튬 이온이 오가면서 전기를 넣었다 뺐다 할 수 있는 거지. 이러한 원리 덕분에 리튬 이온 배터리는 작고 가벼우면서도 많은 에너지를 담을 수 있고, 충전 속도도 빠르며 오래 쓸 수 있어.

소형 배터리 기술은 무선 청소기를 넘어 우리의 생활 전반을 바꾸어놓았어. 스마트폰은 하루 종일 사용할 수 있을 만큼 성능이 좋아졌고, 전기차는 친환경 교통수단으로 자리 잡았지. 심장 박동기, 인슐린 펌프 같은 의료 기기들도 소형 배터리 덕분에 더 안전하고 편리해진 거야. 만약 배터리 기술이 발전하지 않았다면, 지금의 기기들은 여전히 전선이 연결된 상태에서만 사용할 수 있었을 거야. 우리가 휴대폰을 손에 들고 자유롭게 쓸 수 있는 것도 결국 무선 청소기 연구에서 시작된 배터리 혁신 덕분인 거야.

#2

신데렐라는 서둘러 새엄마와 언니들을 따라 무도회에 가고 싶었지만, 입을 드레스와 신을 구두가 없었습니다. 그때 갑자기 푸른빛이 반짝이더니 요정이 나타났습니다.

"뭐가 그렇게 우울하니?"

"저도 왕자님의 파티에 가고 싶은데, 이 지저분한 옷과 닳아버린 신발을 신고 갈 순 없잖아요."

"흠, 그건 그렇지."

"저도 요정님처럼 새하얀 드레스에, 반짝이는 유리 구두를 신고 싶어요."

"그런데 말이야, 너 유리 구두가 발 건강에 얼마나 안 좋은지 아니?"

요정은 잠시 생각에 잠기더니 손가락을 톡 튕겼습니다. 그러자 순식간에 재투성이 옷은 나비 날개 같은 드레스로,

해진 신발은 눈부신 유리 구두로 바뀌었지요. 놀란 신데렐라를 보며 요정은 뿌듯한 표정으로 말했습니다.

"참고로 말해두는데, 맨발에 유리 구두를 신으면 왕자와 춤도 추기 전에 발이 아파서 집에 돌아가고 싶을걸? 그래서 내가 메모리폼 깔창을 넣어뒀어."

"메모리폼이 뭐죠?"

신데렐라가 구두 신은 발을 탁탁거리며 물었습니다.

"우주비행사들이 쓰는 재료야. 네 발 모양에 맞춰 눌리고 충격도 흡수하지. 족저근막염 예방에도 좋아. 아, 내 마법은 자정까지만 유효해. 밤 12시가 되면 다 풀리니까 그 전에 돌아와야 해."

그날 밤, 늦게 무도회에 도착한 신데렐라는 왕자의 눈을 단숨에 사로잡았습니다. 두 사람은 오랜 시간 춤을 췄지만 신데렐라의 발은 조금도 아프지 않았습니다. 한참을 즐겁게 춤추던 신데렐라는, 문득 요정의 말이 떠올랐습니다. 급히 시계를 확인한 그녀의 얼굴은 하얗게 질리고 말았지요. 이럴 수가, 11시 57분!

왕자 앞에서 재투성이 모습으로 돌아갈 수는 없었습니다. 신데렐라는 서둘러 무도회장을 빠져나갔고, 계단에서 그만 구두 한 짝을 떨어뜨리고 말았지요.

"아가씨, 신발이…!"

왕자는 구두를 든 채, 어둠 속으로 달아나는 신데렐라를 바라볼 뿐이었습니다.

이튿날 왕자는 구두를 들고 마을을 돌며 신데렐라를 찾기 시작했어요. 구두 사이즈가 230mm라는 소문이 퍼지자, 소녀들은 발을 물에 불리거나 발끝을 오므리는 등 크기를 맞추려 애를 썼지만, 왕자는 눈치 빠르게 다른 단서에 주목했습니다.

"구두 속에 남은 메모리폼 자국, 이건 신데렐라의 발 모양 그대로야. 약간 찌그러진 건… 족저근막염 때문이겠지."

그렇게 왕자는 수많은 후보들 속에서 신데렐라를 찾아냈고, 결국 두 사람은 성대한 결혼식을 올리고 행복하게 살았습니다.

— ○ —

석유에서 탄생한 '우주용 쿠션'

신데렐라의 사랑을 지켜준 일등공신, 메모리폼! 비록 족저근막염까지 들통나는 바람에 민망한 순간도 있었지만, 결국 사랑을 얻었으니 이 또한 아름다운 결말 아닐까? 그런데 신데렐라의 발을 편안하게 한 소재가 사람을 우주에서 살아남게 하려는 연구에서 탄생했다는 사실, 알고 있었니?

1960년대, 나사는 골머리를 앓고 있었어. 우주비행선은 연구를 거듭하며 점점 정밀해지고 튼튼해졌지만, 우주비행사의 안전과 편안함은 여전히 해결되지 않은 상태였어. 특히 우주비행사들은 우주비행선이 이륙하고 착륙할 때 일어나는 엄청난 진동과 충격을 온몸으로 받아야 했어. 기존 좌석 쿠션으론 버틸 수 없었지. 비행사들은 허리가 뻐근하다, 허벅지 감각이 없다는 불만을 계속 쏟아냈어. 결국 나사는 진지하게 고민하기 시작했지.

"우주비행선을 더 튼튼하게 만드는 것보다, 그 안의 사람을 보호하는 기술이 먼저다!"

이 임무를 맡은 이가 바로 항공 엔지니어 찰스 요스트(Charles Yost)였어. 그는 1962년부터 아폴로 사령선을 위한 회복 시스템 개발에 참여하며 진동 흡수 기술에 능통한 인재로 인정받았지. 요스트는 동료 연구원 치하루 쿠보카와(Chiharu Kubokawa)와 함께 우주 환경에서도 안정적으로 성능을 발휘할 새로운 쿠션 소재 개발에 돌입했어. 하지만 쉽지 않았어.

우주에서는 다음과 같은 조건이 필수였기 때문이야.

첫째, 진공 상태에서도 부풀거나 갈라지지 않아야 한다.
둘째, 충격을 튕겨내지 않고 흡수하고 분산시켜야 한다.
셋째, 온도 변화가 극심한 환경에서도 안정성을 유지해야 한다.

이때 주목한 것이 바로 '폴리우레탄'이라는 물질이야. 폴리우레탄은 1937년 독일 화학자 오토 바이어(Otto Bayer)가 석유 화학 원료를 이용해 처음 합성한 인공 소재야. 그는 천연고무를 대체할 재료를 찾다가 우레탄 결합($-NH-CO-O-$)이 반복되는 독특한 사슬 구조의 화합물을 만들어냈고, 이 물질의 이름을 폴리우레탄이라고 했어.

1930~40년대는 전쟁으로 인해 새로운 합성 소재에 대한 수요가 폭발적으로 늘던 시기였어. 당시 폴리우레탄은 주로 페인트, 접착제, 방수 코팅 같은 산업용 재료로 쓰였지만, 1950년대 들어 거품(폼) 형태로 만드는 기술이 발전하면서 스펀지, 단열재 등 다양한 용도로 활용되기 시작했지.

폴리우레탄은 분자 설계가 자유로운 고분자야. 고분자는 작은 분자들이 길게 연결된 사슬 구조로 이루어져 있는데, 이 사슬이 얼마나 얽히고 조여 있느냐에 따라 성질이 완전히 달라지지. 사슬이 느슨하면 스펀지처럼 말랑해지고, 촘촘하면 단단한 플라스틱이 돼. 또 첨가제를 더하면 원하는 특성에 맞게 성질을 조절할 수도 있고 말이야. 쉽게 말해, 레고 블록처럼 조립 방식에 따라 성질을 바꿀 수 있는 만능 재료인 셈이야.

폴리우레탄을 활용해 만든 메모리폼은 일반 스펀지와 달리 압력을 받으면 천천히 변형되고, 압력이 사라지면 서서히 원래 형태로 돌아가는 특별한 성질을 가지고 있어. 눌렀을 때 바로 튕겨 나오지 않고 몸의 곡선을 따라 압력을 분산시켜 주기 때문에, 우주비행사의 좌석에 사용하기에 완벽했어. 나사는 이 소재를 실제 우주선 좌석에 적용해 비행사들이 받는 충격을 줄이는 데 성공했고, 그 덕분에 우주비행사는 이전보다 훨씬 안전하고 편안한 환경에서 임무를 수행할 수 있게 되었지.

메모리폼이 어떻게 우주비행사들의 안전에 도움이 된 건지 좀더 알아볼까?

메모리폼의 핵심, 점탄성

다들 메모리폼 방석이나 매트리스, 들어보거나 써본 적 있지? 보통의 방석과 달리 손으로 누르면 꾹 눌린 자국이 그대로 남았다가 손을 떼면 천천히 원래 상태로 돌아오는 모습과 느낌, 아마 기억할 거야. 이게 '점탄성'이라는 건데, 바로 메모리폼의 핵심이야. 쉽게 말하면 다음과 같아.

점성: 꿀처럼 힘을 받으면 변형되지만 쉽게 원래로 돌아오지 않는 성질

탄성: 고무줄처럼 힘을 받았다가 빼면 원래 모양으로 돌아가려는 성질

그런데 이 둘 중 하나만 있으면 문제가 생겨. 탄성만 강하면 충격을 흡수하지 못하고 통 튀어버려. 차를 타고 방지턱을 넘을 때 몸이 덜컥 튀는 느낌과 비슷해. 반대로 점성만 강하면 충격은 흡수하지만 흐물흐물해져 제 모양을 유지하지 못해. 메모리폼은 이 두 성질을 절묘하게 섞은 점탄성을 가지고 있어서, 몸이 닿으면 천천히 눌리면서 충격을 흡수하고 압력을 고르게 분산시켜. 이 비밀은 폴리우레탄으로 이루어진 '개방형 셀 구조' 덕분이야. 메모리폼 안에는 수많은 미세한 셀(Cell), 즉 작은 기포 같은 구조가 모여 있어. 셀 벽이 부분적으로 열려 있어서 공기가 천천히 이동하기 때문에 스펀지처럼 확 꺼지지 않고 부드럽게 눌려. 동시에 폴리우레탄 분자 사슬이 점성 때문에 움직임이 느리고, 탄성 덕분에 원래 형태로 돌아가려는 힘이 있지. 이 두 가지 힘이 합쳐져서 천천히 눌리고 천천히 복원되는 메모리폼 특유의 감촉이 만들어지는 거야.

온도에 반응하는 폴리우레탄

메모리폼의 또 다른 비밀은 온도에 반응하는 성질인데 이것 역시 메모리폼의 재료인 폴리우레탄이라는 고분자 덕분이지. 정확히는 다음과 같은 원리 때문이야.

온도가 높아지면 분자 사슬이 더 느슨해져서 재료가 부드러워진다.
온도가 낮아지면 분자들이 단단히 달라붙어 재료가 더 단단해진다.

그래서 우리가 메모리폼 매트리스나 베개에 누우면, 체온이 닿는 부분이 살짝 더 부드러워지면서 몸의 곡선을 따라 자연스럽게 눌려 맞춰지는 거야. 몸을 감싸듯 받쳐주는 느낌은 바로 이 온도 민감성 덕분이야.

메모리폼은 원래 우주비행사의 생명을 보호하기 위해 만들어졌지만, 지금은 우리의 일상을 더 안전하고 편안하게 만들어주고 있어. 침대와 베개로 숙면을 돕고, 스포츠 보호대나 자동차 안전 장비에서 부상을 예방하지. 특히 병원에서 오래 누워 있는 환자들의 욕창(압박으로 생기는 상처)과 궤양 위험을 줄여주는 매트리스 패드로 이용되고 있고, 제2의 피부처럼 몸에 딱 맞게 형성되는 점을 살려 여성 속옷에 응용되고 있지.

이처럼 오늘날 폴리우레탄은 우리 일상에 엄청나게 많이

사용되고 있어. 건축자재 등 일부에서는 너무 많이 사용되어 환경오염을 염려하고 있지만, 생분해성 폴리우레탄 개발 연구가 한창 이뤄지는 중이야. 머잖아 그 한계를 극복할 수 있겠지.

2장

겨울왕국 안나에게 동결건조 식품이 없었다면

#1

엘사가 아렌델 왕국의 여왕으로 취임하는 날, 동생 안나와 크게 다투고 말았습니다. 다툼으로 감정이 격해지자, 엘사의 손끝에서 마법이 폭발했지요. 손에 닿는 모든 것이 순식간에 얼어붙는 무서운 마법이었습니다. 한여름 축제 분위기에 들떠 있던 마을은 단숨에 겨울왕국으로 변했고, 놀란 엘사는 얼어붙은 바다를 건너 북쪽 산으로 도망쳤습니다.

세상을 다시 녹이려면 엘사를 찾아야 했기에, 안나는 말을 타고 언니를 찾아 나섰지요. 하지만 눈으로 뒤덮인 산길은 험난했고, 결국 길을 잃은 데다 타고 온 말마저 달아나고 말았습니다. 배고픔과 추위에 지친 안나는 결국 눈위에 쓰러졌어요.

그때 마침 지나가던 얼음 장수 크리스토프가 안나를 발견했어요. 그는 안나를 산장으로 데려가 불을 피워주었고,

덕분에 안나는 서서히 몸을 녹일 수 있었습니다. 그런데 몸이 따뜻해지자 이번엔 뱃속에서 "꼬르륵" 소리가 울려 퍼졌습니다.

"크리스토프 님, 너무 배가 고픈데 혹시 먹을 게 있을까요?"

안나가 묻자, 크리스토프는 배낭에서 '감자'라고 적힌 봉지를 꺼냈습니다. 기대 가득한 얼굴로 봉지를 열어본 안나는 순간 실망할 수밖에 없었습니다. 안에 들어 있던 건 바싹 말라비틀어져 콩알만 해진 감자 조각 몇 개뿐이었거든요.

그 모습을 본 크리스토프가 빙긋 웃으며 말했습니다.

"공주님, 잠시만 기다리세요. 곧 맛있는 감자가 될 거예요."

그는 물을 끓여 봉지 속에 조심스레 부었습니다. 그러자 놀라운 일이 일어났습니다. 바싹 말라 있던 감자 조각이 물기를 머금으며 금세 윤기가 돌기 시작하더니, 따끈따끈한 삶은 감자로 되살아난 것이지요.

"이게 어떻게 된 거죠? 분명 콩알만 한 감자였는데…"

안나가 놀라자 크리스토프는 설명했습니다.

"동결건조식품이에요. 영하 40도에서 얼린 뒤 수분을 99퍼센트 이상 빼낸 거죠. 가볍고 오래 보관할 수 있어서 우주비행사들도 챙겨 간대요."

안나는 감탄을 금치 못했습니다. 크리스토프는 이어서 '스테이크', '국수', '사과'라고 적힌 봉지도 꺼내주었고, 안나는 눈 덮인 산속에서도 따뜻한 식사를 할 수 있었답니다.

— ○ —

우주 식사는 맛이 없어

안나의 배고픔을 달래준 동결건조식품은 우주비행사를 위해 본격적으로 상용화되었어(원래는 약품과 생물학적 시료의 장기

보관을 위해 개발되었대). 만약 나사가 이 문제를 고민하지 않았다면, 안나는 제대로 먹지 못해 엘사를 찾는 여정을 끝내야 했을지도 몰라. 그런데 나사는 왜 굳이 이런 음식을 만든 걸까?

1961년 4월 12일, 소련의 우주비행사 유리 가가린(Yuri Gagarin)이 인류 최초로 우주비행에 성공했어. 그는 동시에 최초로 우주에서 음식을 먹은 사람이기도 했지. 하지만 우리가 상상하는 근사한 만찬과는 거리가 멀었어. 가가린이 먹은 건 금속 튜브에 담긴 고기 페이스트와 초콜릿 크림이었거든.

미국 최초의 우주비행사 앨런 셰퍼드(Alan Shepard) 역시 비슷했어. 머큐리호에서 그는 정육면체 모양의 고기 큐브, 알루미늄 튜브에 담긴 반액체 음식을 먹어야 했어. 치약처럼 짜서 먹는 반액체 음식이라니, 생각만 해도 맛이 없을 것 같지?

이런 음식이 나온 데는 다 이유가 있었어. 무중력 상태에서는 식탁에 앉아 칼과 포크로 식사하는 게 불가능해. 게다가 우주선은 무게가 늘수록 연료 소모가 커지기 때문에, 장기간 우주여행에선 음식 하나를 싣는 문제도 정밀한 계산이 필요한 공학적 과제였거든.

재미있는 일화도 있지. 1965년, 우주비행사 존 영(John Young)이 샌드위치를 몰래 우주선에 가지고 간 거야. 우주에서 먹는 샌드위치 맛이 궁금했다는 이유였지만, 문제는 빵 부스러기였어. 미세한 조각들이 공기 중에 떠다니며 기계 장치에 들어가면 치명적인 고장을 일으킬 수 있었거든. 나사는 난리가 났고, 미국 의회가 조사에 나섰을 정도였지. 이 일로 존영은 크게 혼이 났지만, 그 사건 덕분에 '우주에서도 안전하게 먹을 수 있는 음식'을 개발해야 한다는 필요성이 본격적으로 제기됐어. 그래서 정리한 우주 음식의 세 가지 조건!

첫째, 상온에서 오래 보관할 수 있을 것
둘째, 작고 가벼울 것
셋째, 부스러기 없이 간편하게 조리할 수 있을 것

이 기준을 충족하기 위해 나사는 미국 육군 연구소와 협력해 동결건조식품을 개발했어. 동결건조란, 식품을 얼린 뒤 낮은 압력에서 얼음을 수증기로 날려 수분을 제거하는 기술이야. 이렇게 하면 맛과 영양은 그대로 남기고, 무게는 가벼워지며 부패 위험도 거의 없어. 80도의 물만 있으면 5분 만에 복원되는 방식이지. 특수 용기에 담겨 물을 붓기 쉽고, 부스러기도 거의 생기지 않아 우주에서 먹기에 딱 맞았어. 지금까지도 동결건조식품은 가장 믿음직한 우주 식량으로 쓰이고 있어. 영양소 보존, 긴 유통기한, 가벼움과 안전성 덕분이야.

동결건조기술,
의학·일상에서도 활약하다!

동결건조기술의 뿌리는 생각보다 오래됐어. 이미 13세기 잉카인들은 '추뇨(chuño)'라는 동결건조 감자를 만들어 먹었대. 안데스 산맥의 고지대에서 낮과 밤의 온도 차와 낮은 기압을 활용해 감자를 얼리고, 낮에는 발로 밟아 수분을 짜낸 후 햇볕에 말리는 과정을 반복했지. 덕분에 추뇨는 무려 20년 넘게 보관할 수 있었다고 해.

현대 동결건조기술은 제2차 세계대전을 계기로 크게 발전했어. 당시 전쟁터에는 부상자가 넘쳐났는데, 혈장과 페니실린 같은 의약품을 냉장 보관 없이 운송할 방법이 없었거든. 약품이 도착하기도 전에 상해 버려서 환자를 치료하는 데 사용할 수 없었던 거야. 이를 해결하기 위해 혈장과 페니실린을 안정적으로 보관할 수 있는 동결건조기술이 개발되었고, 지금도 백신이나 주사제의 유통기한을 늘리는 데 활용되고 있어.

요즘은 색다른 식감과 경험을 위해 간식에도 동결건조기술이 쓰이고 있어. 2020년 스키틀즈나 스위타트 같은 사탕 제조업체가 내놓은 동결건조 사탕, 먹어본 적 있니? 바삭하게 부서지는 독특한 식감 덕분에 소셜 미디어에서 큰 인기를 끌었

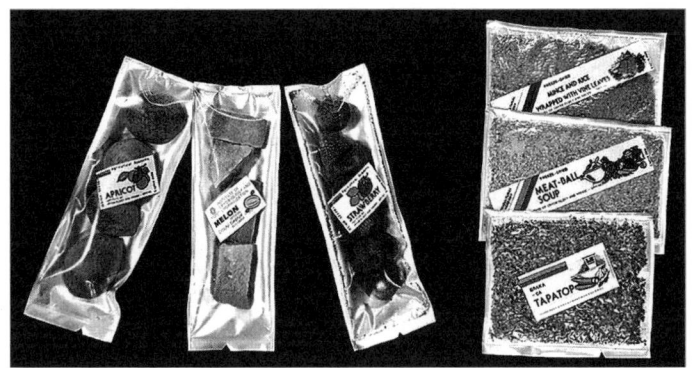

동결건조식품   출처: Ivorrusev / Wikimedia Commons / CC BY-SA 4.0

잖아. 최근엔 물에 젖은 책이나 문서를 복원할 때도 동결건조 기술이 활용된대. 옛날엔 생존과 직결된 문제를 해결하기 위해 발명되었다면 이젠 새로운 경험과 학술 분야로까지 쓰임이 확장되고 있지.

분자 속 빈집을 만들다! 승화

대부분의 식재료는 물로 이루어져 있지. 달콤한 수박은 90 퍼센트 이상이 물이고, 밥 한 공기에도 수분이 절반 이상이야. 음식이 잘 상하는 것도 수분 때문이야. 세균이 좋아하는 건 따뜻하고 수분이 많은 환경이거든. 그래서 오래전부터 사람들은 음식을 말려서 보관했지. 인류가 성장하면서 자연 건조, 열풍 건조 등 수많은 건조법을 개발했지만, 그중 동결건조는 단연 가장 섬세한 건조 방식이야.

동결건조의 원리를 이해하려면 먼저 '삼중점'과 '승화'라는 개념을 알아야 해. 물은 고체(얼음), 액체(물), 기체(수증기) 세 가지 상태로 존재할 수 있어. 온도와 압력에 따라 이 상태가 변하는 걸 '상변화'라고 불러. 그런데 특정한 온도와 압력에서는 세 가지 상태가 동시에 존재할 수 있는데, 이 지점을 바로 삼중점이라고 해. 물의 삼중점은 0.01도, 0.006 기압이야. 승화는 그 삼중점 아래, 즉 얼음과 수증기의 경계선에서 일어나는 현상이야. 고체가 액체를 거치지 않고 바로 기체로 변하는 과정이지. 드라이아이스가 녹지 않고 바로 기체로 날아가는 것이 대표적인 예지(과학 시간에 한 번쯤 들어봤지?).

동결건조기술은 이 원리를 이용해. 먼저 식품을 -40도 이하의 극저온에서 얼려 단단한 얼음 결정을 만들고, 다음 단계에서 압력을 삼중점 이하로 낮춘 채 서서히 온도를 올려 얼음을 승화시켜. 이때 수분의 95퍼센트 이상이 제거되지. 마지막 단계에서는 온도를 조금 더 높여 남은 수분까지 완전히 없애. 즉 동결건조는 '삼중점 이하의 압력'에서 얼음을 수증기로 바로 바꾸는 과정이야. 이렇게 수분이 빠져나가면 얼음이 있던 자리에 미세한 구멍(기공)이 생기는데, 이 다공성 구조 덕분에 나중에 물만 부으면 금세 원래의 상태로 되돌릴 수 있지. 맛과 식감까지 그대로 복원되는 비밀이 바로 여기에 있어.

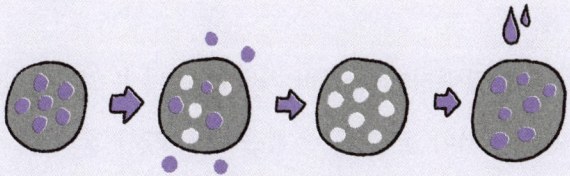

동결 → 진공에서 얼음(●)은 승화되고 기공(○)이 생김 → 물을 가하면 원상태로 복원

식사를 마친 안나에게 크리스토프가 물었습니다.

"이렇게 눈 덮인 산에 공주님 혼자 웬일이세요?"

안나는 자신과 다투다 화가 난 언니가 마법을 부려 마을을 얼려버리고, 북쪽 산으로 달아났다는 이야기를 들려주었습니다.

"아, 그래서 언니를 찾아 산에 오신 거군요?"

"맞아요. 얼른 언니를 찾아 마법을 풀어야 해요. 그렇지 않으면 겨울이 끝나지 않을 테니까요. 난 꼭 이 겨울을 끝낼 거예요."

씩씩하게 말했지만 근심이 가득한 안나의 얼굴을 본 크리스토프는 커피 한 잔을 권했습니다. 잠시 후 물이 끓자 크리스토프는 동결건조 커피를 타서 안나에게 건넸습니다.

"(호로록) 앗! 뜨거워!"

안나는 커피를 한 모금 마시더니 갑자기 소리를 빽 질렀습니다.

"공주님! 괜찮으세요?"

"커피가 너무 뜨거워요, 크리스토프! 입천장이 벗겨진 것 같아요!"

깜짝 놀란 크리스토프는 잠시 고민하더니 배낭에서 기다란 금속 원통을 꺼냈습니다.

"여기에 커피를 담으세요, 공주님."

"이게 뭐죠?"

"이건 번아웃 텀블러예요. 뜨거운 커피를 넣으면 바로 마시기 좋은 온도로 낮춰주고, 식었을 땐 다시 따뜻하게 유지해 주죠."

안나가 커피를 옮겨 담자 정말로 마시기 딱 좋은 온도가 되었습니다. 그제야 안나는 여유롭게 커피를 즐길 수 있었지요.

"고마워요, 크리스토프. 덕분에 밥도 커피도 맛있게 먹을 수 있었어요. 이제 더 늦기 전에 언니를 찾으러 가야겠어요."

안나가 떠나려 하자 크리스토프가 외쳤습니다.

"잠깐만요, 공주님! 혼자는 위험해요. 저도 함께 가겠습니다."

그렇게 둘은 썰매를 타고 엘사를 찾아 산봉우리를 향해 달려갔습니다.

— ○ —

일교차만 300도! 우주에서 살아남는 법

달 표면에는 공기가 거의 없어. 그래서 지구처럼 온실효과가 일어나지 않아. 그 결과, 해가 떠 있는 낮에는 온도가 127도까지 올라가고, 해가 지면 -173도까지 떨어지지. 일교차가 무려 300도! 우주도 마찬가지야. 태양 빛이 닿는 쪽과 그렇지 않은 쪽의 온도 차가 심해. 이런 환경에서는 지구에서 입던 옷으로는 절대 버틸 수 없겠지? 그래서 우주에 나가는 사람들은 이 극한의 온도 차를 견딜 수 있는 특수한 우주복이 필요했지.

나사는 오래전부터 이런 문제를 해결하기 위해 '상변화 물질'을 이용한 열 제어 기술을 연구해 왔어. 상변화 물질은 고체, 액체, 기체 상태로 변할 때 많은 열을 흡수하거나 방출하

Tip 온실효과

태양에서 지구로 들어오는 빛에너지가 대기를 통과해 지표에 도달하고, 지표는 이를 열에너지로 흡수해 적외선 형태로 다시 방출. 적외선은 온실가스에 의해 일부 흡수되어 대기 중에 머물고, 다시 지표로 재방출되면서 지구의 온도를 높인다.

면서 온도를 일정하게 유지해 주는 물질이야. 사실 우리 주변에 있는 거의 모든 물질은 상변화를 해. 물이 얼음이 되기도 하고, 물이 수증기가 되기도 하니까. 그렇다고 아무 물질이나 쓸 순 없겠지? 우주복에 사용하는 상변화 물질은 특수한 조건을 만족해야 해. 가장 흔히 볼 수 있는 물은 우주복에 사용할 수 없어. 물이 얼면 부피가 커지거든. -270도의 우주에서 우주복 안의 물이 얼면 겨울에 수도관이 터지듯이 우주복도 터져버리고 말 거야. 그래서 우주복에 사용되는 물질은 상변화 과정에서 부피 변화가 크지 않아야 하고, 지정된 온도 범위를 유지해야 해. 이 두 조건을 만족하는 물질로 양초를 만들 때 사용하는 '파라핀 왁스'가 있지만, 독성이 있기 때문에 우주복에는 적합하지 않았어.

식은 커피는 싫어!
우주복 개발자의 응용력

나사의 지원을 받아 우주복에 사용할 상변화 물질을 연구한 미주리 대학교의 홍빈 마(Hongbin Ma) 박사는 오랜 연구 끝에 나사의 까다로운 요구 조건을 만족하는 새로운 물질을 개발했어. 콩을 재료로 만든 기름 형태의 물질이었는데, 강렬한 햇빛이 비치는 100도의 우주 공간에서도 시원함을 느낄 수 있도록 설계되었대. 안전하고 독성도 없었지. 덕분에 큰 부피 변화도 없고, 우주복에 필요한 온도 범위를 유지할 수 있었다고 해.

목표했던 상변화 물질을 만들어내는 덴 성공했지만, 이 물질을 개발하는 과정에서 마 박사는 연구에 몰두하느라 커피를 타 놓고 잊는 경우가 많았다고 해. 그래서 매번 차게 식은 커피를 마시게 되었는데, 식어버린 커피를 마시는 데 이골이 난 홍빈 마 박사의 연구팀은 마침 우주복에 사용하기 위해 개발한 상변화 물질을 응용해 보기로 했어. 그렇게 해서 만든 게 '히트조브(heatzorb)'라는 상변화 물질이고, 이를 활용해 커피의 온도를 일정하게 유지할 수 있는 머그잔을 만들었지. 'Heatzorb'는 'heat + absorb'의 합성어로, '열을 흡수하다

→ 에너지를 저장하다 → 다시 방출하다'의 의미를 담고 있어. 곧이어 이걸 텀블러에 적용한 '번아웃 텀블러(Burnout Tumbler)'가 탄생한 거야. '번아웃(소진)'과 '텀블러(원통형 잔)'를 결합시켜, '소진된 에너지를 다시 채워주는 상징적 도구'로 설정한 거지.

커피는 왜 빨리 안 식을까? 비열

다들 안나처럼 겨울에 뜨거운 음료를 마시다가 크게 데인 적이 있을 거야. 겨울이라 바깥 온도가 낮으니까 음료가 쉽게 식을 거라 생각하지만, 그렇지 않아. 그건 바로 물의 비열(Specific heat) 때문이야.

비열이란 어떤 물질 1그램을 1도 높이는 데 필요한 에너지야. 비열이 높은 물질은 온도를 올리기도, 내리기도 쉽지 않아. 물의 비열은 1cal/g·℃ 정도야. 쉽게 얘기하면 1그램의 물(대략 가로×세로×높이가 1센티미터인 물방울)의 온도를 1도 높이는 데 1cal(대략 700W 전자레인지에서 0.006초 동안 나오는 에너지)의 에너지가 필요하다는 뜻이야. 전자레인지에서 0.006초 동안 나오는 에너지면 그렇게 크지 않을 것 같지만 물은 다른 물질에 비해 비열이 상당히 커. 예를 들어 철의 비열은 0.1cal/g·℃이고, 콘크리트의 비열은 0.27cal/g·℃야. 같은 조건에서 철을 식히는 것보다 물을 식히는 게 열 배 정도 어렵겠지? 물은 뜨거워지기도 어렵고 식기도 어려운 '느긋한 성격'을 가진 물질인 셈이지.

커피는 보통 추출할 때 90도가 넘을 정도로 뜨거워. 하지만 사람들이 커피의 맛을 가장 잘 느낄 수 있는 온도는 60~70도 사이라고 해. 그래서 90도에서 70도 아래로 내려가는 데 시간이 필요한 거야.

번아웃 텀블러 작동 원리, 히트조브

스탠리 텀블러가 어떻게 최근 미국 MZ 사이에서 큰 인기를 끌게 됐는지 아니? 자동차 화재 사고가 났는데, 그 자동차 안에 있던 스탠리 텀블러가 사고 후에도 멀쩡한 모습으로 남아 있었대. 게다가 그 텀블러 안에 넣어둔 얼음도 그대로였는데, 이 상황이 찍힌 영상이 화제가 되었고 내구성 좋은 제품이라고 입소문이 난 거지.

스탠리 텀블러처럼 일반적인 텀블러의 구조는 '내벽-진공층-외벽'이야. 음료가 담기는 내벽(스테인리스)과 공기가 접촉하는 외벽 사이에 진공 층이 있는데, 진공은 열을 거의 전달하지 않기 때문에 음료의 온도를 계속 유지할 수 있는 거지. 90도의 커피를 일반 텀블러에 담아 놓으면 몇 시간 동안 거의 90도를 유지하지. 하지만 번아웃 텀블러의 구조는 약간 달라. 일반 텀블러에 비해 한 개의 층이 더 있어. '내벽-히트조브 층-진공 층-외벽'. 내벽과 진공 층 사이에 앞서 말했던 '히트조브'라는 특수한 물질이 채워진 층이 있지.

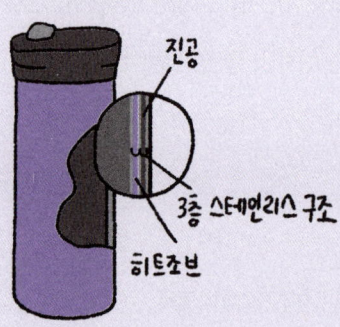

이제 이 상변화 물질인 히트조브를 통해 번아웃 텀블러 안에서 일어나는 일을 자세히 살펴볼까?

번아웃 텀블러 안에 90도의 뜨거운 커피가 들어온다고 하자. 커피는 스테인리스 재질의 내벽을 사이에 두고 낮은 온도의 히트조브와 붙어 있어. 스테인리스는 열전도율이 높아서 커피의 뜨거운 열을 빠르게 히트조브로 전달할 거야. 상변화 물질인 히트조브는 액체 상태로 바뀌면서 커피로부터 많은 열을 흡수할 테고, 이 과정은 커피의 온도가 약 60도가 될 때까지 계속돼. 만약 이 상태에서 커피의 온도가 더 내려가면 액체 상태의 히트조브는 다시 고체로 변하면서 열을 내놓을 테고 60도 근처에서 열의 이동이 멈출거야. 게다가 히트조브 층의 바깥은 진공 층이 있어서 커피와 히트조브가 가지고 있는 전체 열은 밖으로 나가지 않고 일정하게 유지되는 거지. 히트조브 층은 마치 은행과 같아. 내 주머니에 돈이 너무 많으면 일부분을 보관해 두었다가 내가 필요할 때 다시 돌려주는 거라고 생각하면 돼.

3장

마라톤 전투에 냉각 운동복이 있었다면

#1

기원전 491년, 세계 최대의 제국 페르시아(현재의 이란)의 다리우스 1세는 그리스 도시국가 아테네에 사신을 보내 복종을 요구했습니다. 하지만 아테네는 사신을 처형하고 요구를 거절했습니다.

분노한 다리우스 1세는 아테네를 정복하기 위해 군사 2만 5천 명을 마라톤 평원으로 보냈습니다. 이에 맞서는 아테네군은 고작 1만 명에 불과했지요. 그것도 시민과 농부, 노예까지 총동원된 숫자였어요. 아테네의 지휘관 밀티아데스는 위기를 직감하고 즉시 명령을 내렸습니다.

"전령을 불러라! 지금 당장 스파르타에 구원병을 요청해야 한다!"

아테네와 스파르타는 평소에도 썩 사이가 좋은 편은 아니었지만, 밀티아데스는 '그래도 같은 페르시아 피해자

끼리 돕지 않겠어?'라고 생각하여 희망을 걸었습니다. 문제는 거리였습니다. 아테네에서 스파르타까지는 무려 246km! 그래서 그는 달리기 실력이 가장 뛰어난 전령, 페이디피데스를 불렀습니다.

"페이디피데스, 너밖에 없다. 페르시아의 검이 이 땅을 짓밟기 전에, 스파르타로 가서 지원을 요청해라!"

"장군, 제 목숨을 걸고 반드시 전하겠습니다!"

밀티아데스가 작은 가방 하나를 건네주며 말했습니다.

"이 안의 물건이 달리는 데 도움이 될 것이다."

가방 안에는 상자 하나와 이상한 옷 한 벌이 들어 있었습니다. 옷에는 얇은 튜브가 감겨 있었고, 튜브 속엔 초록색 투명 액체가 흐르고 있었습니다. 페이디피데스는 옷을 꺼내 들고 물었습니다.

"이게 뭡니까, 장군?"

"미래의 러너들이 입던 운동복이야."

"…미래요?"

"디테일은 묻지 마. 과학은 늘 미스터리야."

'더위에 맨몸으로 뛰어도 모자란데, 옷까지 입으라니.' 페이디피데스는 반쯤 포기한 표정으로 옷을 입었습니다. 그런데 신기하게도, 달리기 시작하자 몸이 점점 시원해지는 느낌을 받았습니다. 운동복은 몸의 열을 흡수하고 밖으로 내보내는 냉각 기능형 스포츠웨어였던 것입니다.

달이 뜨자, 늑대가 울고 종아리가 터질 것 같았지만 페이디피데스는 멈추지 않았습니다. 그렇게 마라톤 평원을 달린 지 꼬박 이틀째 저녁, 끝없는 평야 너머 마침내 스파르타의 불빛이 보이기 시작했습니다.

— ○ —

우주에선 인간도 파충류가 된다

뱀이나 개구리 같은 변온동물은 스스로 체온을 조절하지 못해, 주변 온도에 따라 몸이 달라져. 그래서 추우면 햇볕을 쬐고, 더우면 그늘이나 물속으로 피해야 하지. 사람은 그와 달리 내부에서 열을 만들어 체온을 일정하게 유지할 수 있어. 덕분에 더운 사막이든 추운 산속이든 활동할 수 있지만, 하루 섭취 에너지의 절반 이상을 여기에 써야 할 만큼 큰 비용이 들어. 몸을 떠는 것, 땀을 흘리는 것, 숨을 가쁘게 쉬는 것은 모두 체온을 일정하게 유지하려는 행동이지.

그러나 사람의 체온 조절 능력은 한계가 있어. 한겨울에 저체온증에 빠지거나 한여름에 열사병으로 쓰러지는 것은 조절할 수 있는 한계를 벗어났기 때문이야. 극단적인 환경인 우주에서는 이런 능력이 거의 소용없어. 태양빛이 닿는 쪽은 100도 이상으로 달아오르고, 그늘진 곳은 영하 수십도로 떨어지니까. 지구에서처럼 땀이나 호흡으로는 감당할 수 없는 극한의 환경인 거지.

바로 이 점이 인류의 우주 탐사에서 가장 큰 걸림돌이었어. 특히 1960년대 미국은 나사의 '아폴로 프로그램'을 통해 소련보다 먼저 사람을 달에 보내려고 노력했는데, 그 과정에서 가장 먼저 풀어야 했던 문제가 바로 극한의 우주 공간에서 인간이 안전하게 견딜 수 있도록 만드는 것이었거든.

우주인의 체온을 지켜라!
냉각 의류의 역사

인간이 우주에서 살아남으려면 무엇보다 체온 유지가 필수였어. 하지만 우리가 가진 체온 조절 능력만으로는 우주의 극한 환경을 버틸 수 없었기에, 나사는 '액체 냉각 의류(LCG:

Liquid Cooling Garment)'라는 옷을 개발했어. 몸에 딱 맞게 입는 슈트 같은 이 옷에는 얇은 튜브가 촘촘히 붙어 있는데, 체온보다 낮은 액체가 튜브 안을 순환하며 몸에서 나온 열을 밖으로 빼내 줘. 얼핏 보면 어린 시절 겨울에 입던 내복 같지만, 사실은 우주비행사의 생명을 지켜주는 첨단 장치인 셈이지.

이 아이디어의 출발점은 의외로 지구였어. 영국 공군이 비행기 안에서 더위로 고생하는 조종사를 위해 처음으로 이런 냉각 의류를 만들었고, 나사가 이를 바탕으로 우주 환경에 맞게 개량한 거야. 덕분에 우주비행사들은 혹독한 온도 차 속에서도 안전하게 활동할 수 있었지.

냉각 의류는 이후 지구에서도 우리 삶을 지켜주고 있어. 거센 화마와 싸워야 하는 소방관들의 방화복 안에 들어가기도 하고, 땀샘이 거의 없어 체온을 낮추지 못하는 무한증 환자들에게 도움을 주기도 하거든. 최근에는 냉각 의류의 작동 방식도 다양해졌어. 땀이나 물이 증발할 때 열을 빼앗는 증발식 옷, 특정 물질이 고체에서 액체로 변할 때 열을 흡수하는 상변화 소재 옷, 나아가 체온을 자동으로 감지해 인공지능이 스스로 냉각을 조절하는 스마트 의류까지 등장했지.

자동차 냉각수가 우주복 안에? 에틸렌글리콜

액체 냉각 의류가 체온을 낮추는 원리는 내연기관 자동차가 엔진의 온도를 낮추는 원리와 비슷해. 자동차는 연료가 연소하면서 생기는 열에너지로 움직이는데, 이때 엔진의 온도는 보통 90도에서 105도 사이를 유지하지. 만약 온도가 105도를 넘어가면 엔진이 심각하게 손상되거나 부품이 고장 나 자동차가 멈출 수도 있어. 그래서 자동차에는 엔진을 일정한 온도로 유지하기 위한 냉각 시스템이 꼭 필요하지.

자동차는 냉각수를 엔진 속으로 순환시켜 열을 흡수하게 해. 뜨거워진 냉각수는 라디에이터로 이동해서 바람이나 팬(일종의 선풍기)에 의해 식고, 다시 엔진으로 돌아와 열을 흡수하지. 여기서 냉각수는 물과 에틸렌글리콜을 5:5로 섞어서 만들었어. 에틸렌글리콜을 넣는 이유는 겨울에도 얼지 않게 하기 위해서야. 순수한 물은 0도에서 얼지만, 에틸렌글리콜은 −13도 이하로 내려가야 얼기 시작하거든(어는점).

우주비행사의 액체 냉각 의류도 같은 원리야. 엔진 대신 사람의 몸에서 나온 열을 냉각수가 흡수해 밖으로 빼내 준 다는 점만 다르지. 다만 우주에서 쓰이는 냉각수는 몇 가지 특별한 조건을 만족해야 했어.

첫째, 몸에서 발생한 열을 빠르게 흡수하고 전달할 만큼 열전도율이 높아야 해.

둘째, 튜브 안에서 잘 흐를 수 있도록 점도(끈적한 정도) 가 알맞아야 해.

셋째, 우주처럼 온도가 급격히 떨어져도 얼지 않아야 해.

넷째, 튜브 재질에 손상을 주지 않아야 해.

다섯째, 혹시 누출되더라도 인체에 해롭지 않아야 해.

나사는 이 모든 조건을 만족하는 액체로 자동차 냉각수와 같은 에틸렌글리콜을 사용했어. 다만 자동차와 달리 물과 에틸렌글리콜의 비율을 6:4로 바꿨지. 물과 에틸렌글리콜 의 비율에 따라 어는점, 비열, 점도 같은 성질이 달라지는 데, 우주처럼 극한의 환경에서는 6:4 비율이 가장 적합했던 거야.

이제 액체 냉각 의류를 자세히 살펴볼까? 액체 냉각 의류

속에는 작은 플라스틱 튜브가 거미줄처럼 얽혀 있고, 그 안에는 냉각수(물과 에틸렌글리콜 혼합액)가 흐르고 있어. 보통 4~10도로 유지되는 이 냉각수는 몸에서 나온 열을 흡수해 밖으로 내보내지. 뜨거워진 냉각수는 열교환 장치에서 다시 식고, 펌프에 의해 끊임없이 순환해. 마치 심장이 온몸에 피를 돌리듯, 냉각수도 멈추지 않고 흐르는 거야.

흥미로운 건, 이 펌프가 우주비행사의 상태에 따라 스스로 조절된다는 점이야. 비행사가 빠르게 움직여 체온이 오르면 냉각수의 흐름이 빨라지고, 가만히 있을 때는 속도를 줄여 에너지를 절약하지. 덕분에 비행사들은 장시간 우주유영 중에도 체온이 지나치게 올라가지 않고, 안정적으로 임무를 수행할 수 있어. 열 때문에 집중력이 떨어지거나 판단력이 흐려지는 걸 막아주는 셈이지.

먼 길을 달려 스파르타에 도착한 페이디피데스는 곧장 스파르타 장군에게 달려갔습니다. 장군은 한밤중에 숨을 헐떡이며 나타난 아테네 병사를 보고 깜짝 놀랐습니다.

"이 밤중에 누구냐?" 스파르타의 장군이 묻자, 페이디피데스가 답했습니다.

"아테네 전령 페이디피데스입니다, 장군. 페르시아 군대가 아테네에 쳐들어왔습니다! 아테네군보다 두 배가 넘는 병력이 마라톤 평원에 진을 치고 있습니다. 부디 아테네를 도와주십시오."

스파르타 장군은 한참을 고민하다가 말했습니다.

"우리도 돕고 싶지만, 지금은 스파르타의 신성한 축제 기간이다. 축제가 끝난 이후에 출정할 수 있다."

하지만 축제는 15일 후에나 끝날 예정이었지요. 페이디피데스가 울부짖으며 외쳤습니다.

"장군! 15일이 지나면 아테네는 피로 물들 것입니다. 부디 아테네를 도와주십시오!"

하지만 스파르타 장군은 단호히 고개를 저었습니다. 페이디피데스는 어쩔 수 없이 다시 마라톤 평원으로 돌아가야 했습니다. 올 때와 마찬가지로 갈 때도 시간을 지체할 수 없었지요. 스파르타의 원정을 기다리는 아테네군에게 이 사실을 알려 대책을 세울 수 있도록 해야 했습니다. 하지만 이미 먼 길을 달려온 페이디피데스는 발이 너무 아팠습니다. 신발의 밑창도 다 닳아 구멍이 나 있었습니다.

"으악, 이대로는 발이 먼저 항복하겠어…."

그때 밀티아데스 장군이 건네준 가방 속 상자가 떠올랐습니다. 상자 속에는 신발 한 켤레가 들어 있었는데, 밑창이 이상했습니다. 딱딱한 가죽 대신 밑창 안쪽에 투명한 공기주머니 층이 있었습니다. 페이디피데스가 한쪽 신발을 손으로 눌러보자 '푸숙!' 소리가 났습니다.

"이건 뭐지? 바람 잡는 신발인가? 이것 역시 미래의 물건인가?"

그는 새 신발을 신고 달리기 시작했습니다.

발을 디딜 때마다 신발 밑창의 공기주머니가 압축되면

서 발에 충격이 거의 전달되지 않았고, 공기층이 원래 상태로 돌아오면서 용수철처럼 발에 반발력을 주었습니다.

스파르타의 군대와 함께 돌아가지 못해 마음은 무거웠지만, 신발 덕분에 몸은 한결 가벼웠습니다. 페이디피데스는 이틀을 꼬박 달려 다시 마라톤 평원에 도착했습니다.

"장군! 돌아왔습니다!"

페이디피데스를 본 밀티아데스가 말했습니다.

"페이디피데스! 어찌 이리 빨리 돌아왔느냐? 스파르타군은?"

"스파르타군은 지금 축제 중이라 축제가 끝나는 15일 후에나 올 수 있다고 합니다. 장군, 죄송합니다."

"어쩔 수 없구나. 우리 스스로 지키자! 출격하라!"

밀티아데스는 아테네의 군사들과 죽음을 각오하고 페르시아군에 맞섰고, 결국 페르시아군을 아테네에서 몰아낼 수 있었습니다.

— ○ —

나사의 새로운 미션!
달 표면을 걸어라

피렌체 공화국의 예술가인 레오나르도 다 빈치(Leonardo da Vinci)는 '인간의 발은 공학의 걸작이며 예술 작품이다.'라고 했는데, 그만큼 발이 인체에서 중요한 역할을 담당하고 있다는 뜻이야. 네 발로 걷는 동물들과는 다르게 사람은 직립보행을 하기 때문에 두 발이 몸의 무게를 모두 지탱해야 하지. 발바닥의 면적은 사람 몸 전체 면적의 약 2퍼센트인데, 2퍼센트에 불과한 면적으로 넘어지지 않고 걷거나 달릴 수 있는 거니 레오나르도 다 빈치의 발에 대한 극찬은 틀린 말이 아니지.

인류가 신발을 신기 시작한 건 인류의 역사만큼이나 오래되었어. 기원전 2천 년 고대 이집트인들은 샌들 형태의 신발을 만들어 신었어. 재질은 가죽이나 파피루스였지. 아메리카 인디언은 모카신을 신었는데, 한 장의 가죽으로 발을 감싼 후 구멍을 뚫어 끈으로 묶는 형태였어. 현대 구두의 시초라고도 해. 우리나라에서는 부여 시대부터 풀로 만든 짚신을 신었다지?

이처럼 신발의 기원은 오래되었지만, 발에 가해지는 충격을 줄이려는 연구가 시작된 건 비교적 최근이야. 특히 우주에서 말이야. 나사의 아폴로 프로그램 이전까지 우주비행사들은 지구 밖의 다른 천체에 한 번도 발을 디딘 적이 없어. 아폴로 프로그램의 목표는 사람이 최초로 달 표면을 '걷기'였는데, 이를 위해 나사는 우주비행사가 달 표면을 걸을 때 발에 가해지는 충격을 완화할 수 있는 신발을 만들어야 했지.

달에서 신는 신발의 탄생

미국의 우주비행사 에드 화이트(Ed White)는 1965년 6월에, 우주선 밖으로 나가 22분 동안 우주를 '걸어' 다녔어. 물론 신발은 아무 곳에도 접촉하지 않았어! (무중력 상태에 공기도 없었으니 새 신발 그대로였겠지?) 하지만 이때 그가 신었던 우주 신발은 이후 아폴로 프로그램에서 우주비행사가 신을 신발을 개발하는 데 중요한 자료를 제공했어. 그렇다고 아폴로 프로그램에 에드 화이트가 신었던 신발을 그대로 사용할 순 없었지. 달은 레골리스(Regolith)라고 하는 먼지가 표면을 덮고 있거든. 레골리스는 우리가 일반적으로 알고 있는 부드러운 먼지가 아니라 유릿가루처럼 날카롭고, 정전기가 일어나면 옷이나 신발에 달라붙기도 하는 특이한 먼지야. 정전기까지 띠고 있어서 어떤 섬유에든 쉽게 달라붙고, 심하면 뚫을 수도 있

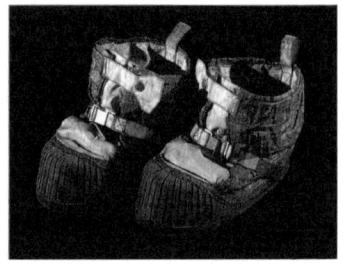

(좌) 달에 찍힌 최초의 발자국, (우) 1972년, 우주비행사 유진 서난(Eugene Cernan)
이 신었던 우주 신발   ©NASA

었어. 그래서 달 탐사에 나설 우주비행사의 신발은 여러 위험
속에서 발을 안전하게 보호할 수 있도록 설계되어야 했지. 게
다가 낮과 밤의 온도 차가 수백 도에 이르는 극심한 조건을 버
티면서도, 무중력 상태에서 관절에 무리를 주지 않도록 신발
을 만들어야 했어.

　나사는 이에 "한 걸음도 미끄러지지 않고, 뜨거운 태양 빛을
몇 시간 견딜 수 있는 신발이 가능할까?"라는 질문을 던졌고,
과학자들은 오랜 연구 끝에 '단열층과 알루미늄 포일, 실리콘
고무 밑창'을 조합한 신발을 만들었어. 독특한 모양의 밑창을
가진 그 신발은 마침내 1969년 7월 20일, 달에 최초의 발자
국을 찍었지.

정전기를 피해라! 우주 신발에 숨은 과학

달에서 정전기를 조심해야 한다고 했지? 왜 그런지, 또 정전기는 왜 생기는지 한번 알아보자.

정전기가 생기는 이유는 전하의 이동 때문이야. 두 물체가 마찰하면 전자가 잘 떨어져 나가는 물질(예: 유리, 나일론)에서 전자가 잘 붙는 물질(예: 고무, 플라스틱) 쪽으로 음전하인 전자가 이동하지. 그 결과 한쪽은 양전하(+), 다른쪽은 음전하(-)를 띠게 돼. 이 전하가 표면에 계속 쌓이면 정전기가 되는 거야.

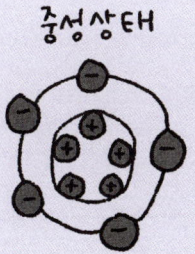

중성상태

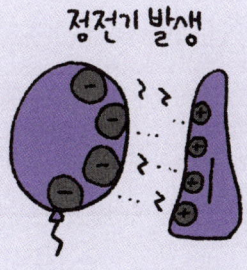

정전기 발생

문제는 달 표면이 정전기를 만들기 딱 좋은 조건이라는 거지. 달에는 대기가 없어서(진공) 전하가 쉽게 흩어지지 않아. 게다가 태양 자외선 때문에 레골리스 입자 표면의 전자들이 튀어 나가면서 양전하를 띠게 돼. 이런 입자들을 발로 밟고 문지르면, 신발 표면에 전하가 빠르게 축적되지. 축적된 전하가 갑자기 방전되면 번개처럼 수천 볼트(Volt)의 전압이 순간적으로 발생할 수 있어. 수분을 머금은 지구의 공기는 전하를 쉽게 퍼뜨려 주지만, 달에서는 전하가 모여 있다가 순간적으로 방전되어 부상을 입거나 장비 고장으로 이어질 수도 있지.

이를 대비해 아폴로 우주비행사의 신발은 3층 구조로 되어 있는데, 가장 안쪽의 내피에 사용된 노멕스(Nomex) 섬유는 고온에서도 잘 타지 않아서 발열과 화재를 방지하는 용도로 사용되고, 중간층의 네오프렌과 나일론은 발의 움직임을 유연하게 만들어주는 용도로 활용되었지. 가장 바깥쪽의 외피는 유리 섬유로 마모에 강하고 열을 차단하는 역할을 하는데, 알루미늄 증착 필름을 더해 단열 효과까지 줬지. 신발 외피에 도전성 섬유를 섞고 정전기 차단 코팅을 추가해 정전기도 방지했어. 도전성 섬유는 전기가 잘 통하니까 표면에 쌓인 전하를 천천히 흘려보내 전위 차이를 줄여줘. 쉽게 말해, 갑자기 찌릿! 터지지 않고 슬쩍슬쩍 빠져나가게 만든 거야.

이처럼 우주 신발은 단순히 '발을 보호하는 신발'이 아니라, 열역학(단열/방열), 전자기학(정전기 제어), 재료공학(섬유의 강도와 내열성)이 모두 집약된 작은 우주복인 셈이지. 이후 우주 신발은 다양한 분야에도 영향을 주었어. 극한 온도를 견디는 섬유 기술은 단열재 개발에 활용되었고, 날카로운 레골리스를 버틸 수 있는 고강도 소재는 등산화, 군화, 산업용 안전화로까지 이어졌어.

신발 속의 에어백, 에어쿠셔닝

우주 신발의 가장 핵심적인 기술은 밑창 내부에 공기주머니를 넣은 '에어쿠셔닝'이야. 달의 중력은 약하지만, 표면이 단단하고 날카로운 돌이 많아서 걸을 때 받는 충격도 큰 문제야. 그래서 우주비행사가 장시간 활동할 때 발생하는 피로의 누적과 발에 전달되는 충격을 줄일 필요가 있었지. 이를 해결하기 위해 나사는 뒤꿈치 쪽 밑창 안에 두께 2~3센티미터의 에어포켓을 삽입했어. 원리는 단순하지만, 여기에도 과학이 숨어 있어!

발이 단단한 표면에 닿을 때 생기는 운동에너지의 일부는 에어포켓 속 기체가 순간적으로 압축되면서 흡수돼. 그 과정에서 일부는 열로 바뀌거나 고무가 늘어났다 줄어들며 소실되지. 결국 충격이 몸으로 바로 전달되지 않고 여러 단계에 거쳐 분산되는 거지.

공기 같은 기체는 누르면 압축되는 성질이 있어. 발이 땅에 닿을 때 충격이 오면, 밑창 속 기체가 순간적으로 눌리면서 충격 에너지를 받아내. 그다음 기체는 다시 원래 부피로 돌아가려고(탄성 복원력) 발을 살짝 밀어 올려주지. 여기에 고무처럼 탄성 있는 재료가 함께 쓰이는데, 고무는 늘어났다 줄어들면서 남은 에너지를 분산시켜 줘. 쉽게 말해, 공기주머니가 충격을 받아내고, 고무가 그 충격을 풀어주는 거야. 이 기술은 충격을 약 25~30퍼센트까지 흡수할 수 있고 고강도 실리콘 고무와의 조합으로 극한 환경에서도 성능이 유지된다고 해.

이 좋은 기술을 나사만 쓸 순 없었겠지? 1977년, 나사에서 우주복 압력 시스템과 충격 완화 장치를 연구하던 프랭크 루디(Frank Rudy)는 유명 스포츠 브랜드 나이키(NIKE)를 찾아갔어. 루디는 이 기술을 운동화에 적용하자고 제안했지. 에어쿠셔닝을 적용한 운동화는 선수들의 점프 능력을 올려주고 부상 방지에도 큰 역할을 했어. 지금은 일반인들까지도 에어쿠셔닝 운동화를 흔히 신고 다닐 정도니, 나사의 기술과 우리 삶이 생각보다 더 긴밀하게 연결되어 있다는 게 실감나지?

2부

생명과 안전을 지킨 나사의 기술

4장

별주부에게 MRI가
있었다면

육지에서 새로 사귄 친구 별주부의 안내를 받아 용궁에 들어선 토끼의 눈이 휘둥그래졌습니다. 웅장한 용왕의 궁전을 둘러보던 토끼 주변에 갑자기 신하들이 일제히 나타나 토끼를 꽁꽁 묶고 용왕 앞으로 데리고 갔습니다. 상상도 못 한 상황에 당황한 토끼는 멍하니 별주부만 쳐다볼 뿐이었지요. 그때 용왕이 말했습니다.

"내가 큰 병을 얻어 심신이 편치 못하다. 듣자 하니 너의 간이 좋은 치료제라던데, 나의 치료를 위해 간을 바치도록 하라."

그 말을 들은 토끼가 놀라 펄쩍 뛰며 말했습니다.

"뭐라고요? 제… 제 간을 빼앗아 간다구요?"

"그래. 네가 죽으면 내가 살 수 있으니, 죽더라도 넌 용궁의 영웅이 될 것이다. 그러니 기꺼이 간을 바치거라."

토끼는 죽음을 코앞에 둔 상황에서 필사적으로 머리를 굴렸습니다.

"대왕님, 아뢰옵기 송구하오나 제 간은 지금 제게 없습니다. 제 간은 효능이 매우 뛰어나 모두가 원하기 때문에, 육지의 비밀 장소에 숨겨 두고 다니옵니다. 저를 풀어주신다면 얼른 가서…"

그러자 별주부가 발끈하며 외쳤습니다.

"거짓말입니다, 용왕님! 속으시면 아니 됩니다!"

하지만 용왕은 아랑곳하지 않고 토끼에게 되물었습니다.

"간을 숨겨 두었다는 비밀 장소가 어디냐?"

"그건… 저만 알고 있는 장소입니다."

별주부는 당장 토끼의 배를 가르라고 용왕에게 간청했지만 토끼도 지지 않았습니다. 자신의 배를 갈라 죽인다면 용왕은 영영 자신의 간을 얻을 수 없을 거라 응수했죠. 서로 다른 말에 혼란스러워하던 용왕은 의사 메기를 불러 물었습니다.

"어찌하면 좋겠느냐? 배를 가르자니 간이 없으면 낭패이고, 간을 찾아오라고 토끼를 풀어주자니 의심스럽고…"

이때 토끼를 노려보던 별주부의 눈이 번뜩였습니다.

"용왕님, 육지에는 몸속을 들여다보는 신기한 장비가 있

다고 들었습니다. 얼마 전 폭풍에 잠수함 하나가 침몰하며
그 기계가 바다 밑으로 떨어졌지요. 그걸 인어들이 건져 올
려 고쳐 썼다 합니다. 그 이름이 바로… MRI라 하옵니다!"

"그렇다면 그걸 써보자!"

명을 받은 메기 의사가 즉시 손짓하자, 인어들이 반짝이
는 조개 차에 커다란 기계를 싣고 들어왔습니다.

신하들이 토끼를 MRI에 눕히고 스캔하자 삐-익, 삐-익 소
리가 울리며 화면에 토끼의 장기가 선명히 나타났습니다.

"보십시오, 용왕님. 토끼 간이 저기 있습니다!"

— ○ —

MRI가 우주공학을 만나게 된 사연

MRI는 '자기공명영상(Magnetic Resonance Imaging)'의 줄임말이야. 조금 어려운 말이지만 쉽게 설명하자면 강한 자석과 전파를 이용해서 몸속을 사진처럼 찍는 기술을 말해. 우리 몸속을 직접 보지 않아도 내부에서 무슨 일이 일어나는지 알 수 있는 마법 같은 기계라고 할 수 있지.

MRI는 원래 병원에만 있던 조용한 기계였어. 보통 축구 선수가 무릎을 다쳤을 때나 교통사고 환자의 척추를 확인할 때 쓰였지. 몸에 칼을 대지 않아도 뼈와 근육, 심지어 뇌까지 들여다볼 수 있다는 점에서 혁신적인 기술로 여겨졌던 이 기계가 병원을 떠나 우주까지 가게 될 줄 당시에 누가 예상이나 했을까?

나사가 MRI에 눈길을 돌린 건 우주비행사들의 몸에서 일어나는 변화를 더 정확히 들여다보기 위해서였어. 우주의 약한 중력이 주는 영향은 생각보다 컸거든. 우주에서 오랫동안 생활한 우주비행사들은 하나같이 뼈가 약해지고, 근육이 줄어들고, 심지어 시력까지 나빠졌지. 겉으로 보기에는 멀쩡했지만, 눈과 뇌, 척추, 심장처럼 몸속 깊은 곳에서 변화를 겪는 경우가 많았어. 단순한 X-ray나 CT로는 그 과정을 다 알 수 없었고, 그래서 나사는 수술 없이 연조직(뼈나 연골처럼 단단하게 경화되지 않은 인체의 모든 조직)을 선명하게 보여주는 MRI 기술에 주목하게 된 거야.

이후 MRI는 우주비행사들의 건강을 관리하는 중요한 창이 되었어. 뼈와 근육의 위축, 체액이 머리 쪽으로 몰리면서 생기는 시신경 압박, 뇌압 상승 같은 문제를 추적할 수 있었거든. 여기서 그치지 않고 나사는 지구에서 쓰던 거대한 MRI 장비 대신, 우주에서도 활용할 수 있는 작은 휴대용 MRI를 연구하기 시작했어. 이 과정에서 MRI를 더 안전하고, 정밀하고, 저렴하게 만들기 위한 여러 기술적 발전이 뒤따랐지.

이런 연구는 다시 지구로 돌아와 우리의 삶을 바꾸고 있어. 좀 더 발전된 자기장 기술로 MRI 장비는 점점 소형화되면서 비용도 저렴해졌고, 덕분에 더 많은 병원에서 MRI를 갖추게 되었지. 또 나사가 지구관측 위성에서 사용하던 이미지 분석 소프트웨어를 MRI에 적용하면서 작은 이상도 빠르게 찾아낼 수 있게 되었지. 지금 우리가 큰 수술 없이도 무릎이나 뇌 같은 민감한 부위를 정밀하게 진단받을 수 있는 건, 나사가 우주비행사의 건강을 지키기 위해 투자한 노력 덕분이라고 할 수 있어. 결국 MRI는 단순한 병원 기계를 넘어, 우주와 지구를 잇는 다리가 되었어. 우주에서 인간의 몸을 지켜내려던 기술이 이제는 지구에서 수많은 사람들의 생명을 살리고 있는 거지.

MRI 작동 원리, 자기공명과 수소 원자

우리 몸은 아주 작은 원자로 이루어져 있는데, 그중에서도 MRI가 가장 관심을 가지는 건 바로 '수소 원자'야. 수소 원자는 우리 몸의 대부분을 구성하는 '물' 속에 많이 들어있어. 그런데 이 작은 원자들은 나침반처럼 자석을 만나면 방향을 맞추려는 성질이 있지.

MRI 기계에는 아주 강한 자석이 들어있는데, 이 자석은 지구 자기장보다 수천 배나 강해서, 몸속의 수소 원자들이 이 자석의 힘에 따라 일렬로 줄을 서듯 정렬돼. 마치 군인들이 줄을 맞춰 서는 것처럼! 그런데 이렇게 줄을 맞춰 서 있기만 하면 '영상'을 만들어낼 수 없어. 그래서 MRI는 라디오 전파 신호를 보내. 이 전파가 몸에 닿으면 줄을 서 있던 수소 원자들이 신나게 춤을 추듯 흔들리기 시작해. 마치 바닷가에서 밀려오는 파도를 맞고 사람들이 흔들리는 것처럼. 그러다 전파가 꺼지면 수소 원자들은 다시 원상태로 돌아오려고 하지.

이렇게 주기적으로 전파를 켜고 끄면 수소 원자들이 진동하면서 작은 신호를 보내. 그러면 MRI 기계는 이 신호를 받아서 분석하는 거야. 어디서 신호가 얼마나 강하게 오는지 보면 우리 몸속의 부분이 각각 어떤 모습인지 알 수 있는 거야. 뼈, 근육, 장기 들은 물론 특히 뇌, 심장, 척추 같은 중요한 기관을 자세히 볼 수 있어서 병을 찾거나 치료하는 데 큰 도움이 되었지.

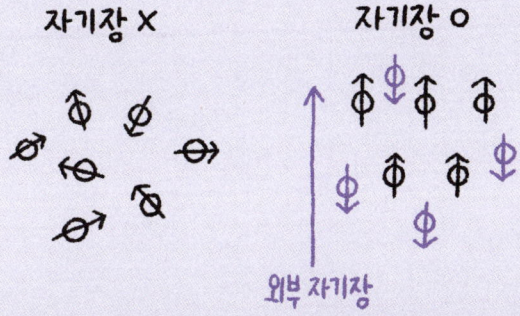

이렇게 강한 자석이 원자 속 작은 입자들에게 영향을 주는 현상을 '자기공명(NMR, Nuclear Magnetic Resonance)'이라고 하는데, 이게 MRI 작동 원리의 핵심이야. 이 원리를 발견해낸 과학자 펠릭스 블로흐(Felix Bloch)와 에드워드 퍼셀(Edward Prucell)은 1952년 노벨 물리학상

을 받았어. 이후 수많은 과학자들이 자기공명을 이용해 몸 속을 들여다볼 고민을 이어간 덕분에, 1977년 세계 최초로 사람의 몸을 MRI로 촬영하는 데 성공했지. 이때 암세포와 정상세포가 MRI 신호에서 다르게 반응한다는 점을 발견하고, MRI로 질병을 진단할 수 있는 기계가 탄생한 거야.

MRI를 통해 토끼의 배에 간이 있다는 걸 알게 된 용왕은 화가 나서 소리쳤습니다.

"당장 저 거짓말쟁이 토끼의 배를 갈라라!"

겁에 질린 토끼는 용왕에게 다급하게 외쳤습니다.

"대왕님, 대왕님! 저는 바다에 사는 어류와는 다릅니다. 저는 포유류라 정말로 간이 다른 곳에 있습니다. 믿어주세요!"

하지만 용왕은 단호히 답했습니다.

"우리가 물고기만 수술할 수 있다고 생각하면 오산이다. 우리에겐 원격 의료용 로봇이 있단 말이다. 그러니 안심하고 간을 내놓아라."

"아니, 그걸 위안이라고 하십니까? 그냥 절 좀 살려주세요"

토끼의 대답이 못마땅했던 용왕이 자리에서 일어나 크게 소리쳤습니다.

"뭣들 하느냐! 당장 토끼를 묶고 간을… 으억!"

호통치던 용왕은 순간 허리를 굽히며 고통스러운 표정을 지었습니다. 다리에도 힘이 풀렸는지 그만 주저앉고 말았습니다.

그 상황을 지켜보던 토끼가 뭔가를 알아낸 듯 다급하게 외쳤습니다.

"잠깐만요, 대왕님! 혹시 골다공증 증세를 겪고 계신 건 아닙니까? 제가 토끼 간보다 좋은 약을 알고 있사온데…"

용왕은 토끼를 의심스럽게 노려보며 말했습니다.

"골다공증? 그게 무엇이냐?"

토끼는 필사적으로 말을 이어갔습니다.

"육지에 사시다 바닷속에 너무 오래 지내셔서 뼈가 약해진 것입니다. 물속은 부력이 크게 작용해 육지보다 중력이 약한 것처럼 느껴지지요. 그래서 우주비행사가 겪는 것과 비슷한 증세를 보이시는 겁니다!"

그러면서 자신의 주머니에서 작은 병을 꺼내며 말했습니다.

"이것은 나사에서 우주비행사를 위해 개발한 골다공증 치료제 '비스포스포네이트'입니다. 이 약이 토끼 간보다 훨씬 효과가 좋으니 부디 저를 믿고 이 약을 드셔보시지

2부 | 생명과 안전을 지킨 나사의 기술

요. 저도 겨우내 동굴 속에서만 지내다가 골다공증에 걸려 처방받은 약입니다."

주저하던 용왕은 토끼를 믿어보기로 하고 약을 먹었습니다. 며칠이 지나자 몸이 서서히 나아지는 느낌을 받았지요. 용왕은 한층 밝아진 표정으로 토끼에게 말했습니다.

"네 덕분에 살았구나. 고맙다. 그리고 미안하구나, 간을 빼앗으려 해서. 너를 이만 놓아주마."

— ○ —

우주비행사들이
골다공증 증세를 겪는 이유

우주정거장은 지구 주변을 돌고 있기 때문에 지구만큼 중력의 효과가 크게 나타나지 않아. 우리는 지구에서 걸어 다니고, 뛰고, 물건을 드는 동안 자연스럽게 뼈에 힘을 가하게 되는데, 이 힘이 뼈를 튼튼하게 유지하는 중요한 요소가 돼. 하지만 우주정거장에서는 중력의 효과가 작기 때문에 뼈에 가해지는 부담이 사라져 버리지. 그럼 우리 몸은 '어? 힘이 안 들어오

네? 그럼 뼈를 유지할 필요가 없겠군!'이라며 착각하고 뼈 만드는 속도를 늦춰버려. '뼈 만드는 속도를 늦춘다니? 뼈는 이미 있는데?'라고 생각할 수 있지만, 우리 몸은 뼈를 없애는 '파골 세포'와 뼈를 만드는 '조골 세포'가 균형을 이루면서 활동해 지금의 상태를 유지하는 거야. 하지만 우주 환경에서 뇌와 몸이 착각해 파골 세포의 활동이 활발해지는 반면 조골 세포의 활동이 더뎌진다면, 우리 뼈는 점점 약해지게 되겠지? 이 현상을 '우주 유발 골다공증'이라고 해.

과학자들의 연구에 따르면 우주에 머무는 동안 한 달에 최대 1~2퍼센트의 뼈가 손실된대. 이 속도는 나이가 들면서 자연스럽게 생기는 골다공증보다 열 배나 빠른 속도야. 그래서 우주비행사들은 지구로 돌아왔을 때 이미 약해진 뼈 때문에 골절 위험이 커진대. 이를 막기 위해 우주에서도 매일 두 시간씩 운동을 해야 한다고 해.

파이프나 기계가 녹슬지 않게 하는 비스포스포네이트!

골다공증 치료제인 비스포스포네이트는 원래 뼈를 위한 약이 아니었어. 처음에는 산업용으로 개발된 물질이었는데, 금속이 부식되지 않도록 보호하는 데 사용되었지. 파이프나 기계가 녹슬지 않도록 하는 물질이었어. 그런데 과학자들이 연구를 하던 중 비스포스포네이트가 뼈를 분해하는 세포의 활동을 막을 수 있다는 예상치 못한 사실을 발견한 거야.

이 발견을 바탕으로 연구가 진행되었고, 1970년대부터 본격적으로 골다공증 치료제로 개발되기 시작했지. 이후 다양한 임상 연구까지 거쳐 1990년대부터는 전 세계에서 골다공증 치료제로 활용되었지. 지금까지도 가장 널리 쓰이는 골다공증 약 중 하나야.

그런데 나사가 여기에 어떤 역할을 했을까? 나사는 우주에서 우주비행사들이 골다공증에 걸리는 것을 막기 위한 연구를 진행했는데, 비스포스포네이트가 우주에서도 효과가 있는지 실험했대. 무중력 상태에서 골다공증 연구는 중력이 있는 지구에서의 연구보다 더 약의 작용과 효과에 대해 구체적이고 정밀한 연구 결과를 제공할 수 있었기 때문에, 나사가 우주에서 한 연구 결과는 치료제의 성능을 높이는 데 큰 기여를 했지. 나사의 연구 덕분에 비스포스포네이트의 효과가 더 확실해졌고, 골다공증 치료법도 더욱 정교하게 발전한 거야. 이렇게 직접 개발하진 않았더라도 치료제의 발전과 상용화에 도움을 줄 수 있다니 정말 신기하지 않니?

우주에서도 외과 수술이 가능할까?

만약 우주에서 갑자기 아프면 어떻게 하지? 급성 맹장염이라 도 걸린다면 수술도 못 해보고 그냥 죽을 수밖에 없는 걸까? 우주비행사들이 우주에 있을 땐 병원을 갈 수가 없어. 지구에 서 수술을 받으려 해도 복귀하기까지 시간이 오래 걸리니까 최악의 경우 생명이 위험해질 수도 있지. 그래서 나사는 우주 에서도 비행사들이 안전하게 치료받을 수 있는 방법을 고민 하기 시작했어. 처음엔 의사들을 우주로 보내는 걸 떠올렸지 만, 의사 한 명이 모든 병을 고칠 수도 없으니 현실적으로 좋 은 대책이 아니었지. 그래서 떠올린 게 원격 의료 기술이야.

나사는 1990년대부터 원격 의료 기술을 연구하기 시작했 어. 특히, 장기 우주 임무에서 우주비행사들의 건강 문제가 발 생할 가능성이 높았기 때문에, 원격으로 수술을 수행할 수 있 는 기술의 필요성이 대두된 거지. 나사는 이 문제를 해결하기 위해 MIRA(Miniaturized In Vivo Robotic Assistant) 같은 소 형 수술 로봇의 개발을 지원하고 있어. MIRA는 수술을 원격

2부 | 생명과 안전을 지킨 나사의 기술

으로 수행할 수 있도록 설계된 작은 로봇이야. 2024년에는 전자레인지 크기의 상자에 담겨 국제 우주정거장으로 보내져서 고무로 된 모의 인체 조직을 원격으로 절개하고 봉합하는 실험에 성공하지. 한편, 나사의 우주 프로그램에도 쓰인, 캐나다 로봇 기술을 기반으로 개발된 뉴로암(NeuroArm)이라는 장치도 있어. 사람이 들어갈 수 없는 MRI 환경에서도 작동할 수 있도록 설계되었고, 정밀한 신경외과 수술을 수행하는 데 탁월한 능력을 발휘한다고 해. 최근에는 이런 원격 의료 기술과 수술용 로봇이 많은 종합병원에서도 사용되고 있어. 우주에서 사용될 정밀 로봇 기술이 지구의 의료 기술에 얼마나 큰 영향을 줄 수 있는지 보여주는 좋은 사례지.

우주정거장에서 중력이 사라진 것처럼 보이는 이유

#미세중력상태

우주정거장에서 우주비행사들이 둥둥 떠다니는 모습을 보면 마치 중력이 사라진 것처럼 보이지. 하지만 실제로는 중력이 없는 것이 아니라, 중력과 원심력이 균형을 이루기 때문에 무중력처럼 느껴지는 거야.

국제우주정거장은 지표면에서 약 400킬로미터 위를 시속 약 27,600킬로미터의 속도로 돌고 있어. 이처럼 빠르게 움직이기 때문에 지구 밖으로 튕겨 나가려는 힘, 즉 원심력이 생기지. 동시에 지구는 중력으로 정거장을 끌어당기고 있지. 이 두 힘이 정확히 같아지면, 우주정거장은 지구 중심을 향해 끌려가면서도 동시에 곡선을 따라 계속 도는 궤도 운동을 하게 되지.

이때 정거장 안에 있는 우주비행사도 같은 속도로 함께 움직이기 때문에, 계속해서 자유 낙하하는 것과 같은 상태가 돼. 이런 상태에서는 바닥이 몸을 떠받쳐주지 않기 때문에 중력을 느낄 수 없고, 마치 중력이 사라진 것처럼 느껴지게 되는 거야. 이 현상을 좀더 정확히는 '미세중력상태'라고 불러.

5장

**원효대사와 의상대사에게
정수기가 있었다면**

신라의 두 고승, 원효와 의상. 둘은 더 깊은 불교의 가르침을 공부하기 위해 당나라로 유학을 떠나기로 결심했습니다. 당나라로 가는 길은 멀었고, 하루 종일 걷고 또 걸어야 했지요. 하루는 국경을 넘기 위해 밤늦도록 길을 걷는데 비가 내리기 시작했습니다.

"이거 큰일이군, 비도 오고 하니 어디라도 몸을 피해야겠어." 의상이 말했습니다.

마침 폐허가 된 절간이 보였고, 두 스님은 그곳으로 몸을 피했습니다. 피곤했던 원효는 그대로 바닥에 쓰러져 잠에 들었고, 의상은 한쪽에서 정좌한 채 수행에 들어갔습니다.

수행하던 의상은 문득 원효가 걱정되었습니다. '원효가 목이 마를 텐데.'

그래서 서역에서 공수한 최첨단 역삼투압 정수기를 꺼

내 빗물을 정화한 후 그릇에 담아 원효의 머리맡에 두었지요. 그리고 자신도 한 사발 들이킨 후 잠에 들었습니다.

얼마 후, 원효는 극심한 갈증에 눈을 떴습니다.

"크윽, 목이 타들어 가는구나!"

주위를 둘러봤지만, 어둠 속에서 아무것도 보이지 않았죠. 그때! 손을 뻗어보니 촉촉한 물그릇이 만져졌습니다.

"부처님의 자비로구나!"

원효는 주저 않고 물을 들이켰고, 세상에서 가장 맛있는 물이라 생각하며 다시 잠에 들었습니다.

새벽이 되어 먼저 눈을 뜬 의상은 원효가 깔끔하게 비워 놓은 물그릇을 보았습니다. 순간 장난기가 발동한 그는, 근처에 있는 해골에 더러운 물을 받아 원효의 머리맡에 두었습니다.

따뜻한 아침 햇살이 비추자, 원효는 기지개를 켜며 일어났습니다. 그리고 어젯밤 맛있게 들이켰던 물이 남아 있는지 확인했지요.

"으으으윽…"

해골에 고인 더러운 물을 본 원효는 헛구역질을 했습니다.

"잠깐, 어젯밤에는 그렇게 시원했는데, 지금은 이리도 역겹다니. 물이 변한 것인가? 내 마음이 변한 것인가?"

　고민하던 원효는 순간 "일체유심조, 세상의 모든 것은 결국 내 마음이 만든 것이구나!"라고 외치며 깨달음을 얻었고, 당나라 유학이 아닌 신라로 돌아가 자신의 깨달음을 전파하기로 결심했습니다.

　"의상, 나는 깨달음을 얻었네! 이제 당나라로 가지 않겠네."

　"뭐? 아니 원효, 사실은 그게 말이지…"

　그 모습을 지켜본 의상은 사실을 말해주려 했지만, 이미 원효는 한바탕 큰 웃음을 터트린 후, 바쁜 걸음으로 저 멀리 사라진 후였습니다.

— ○ —

우주에서 물이 소중한 이유

우리가 매일 사용하는 물은 너무나 익숙한 존재야. 투명하고 흔하며, 마시면 시원하고 씻으면 개운하지. 그래서 대부분의 사람들은 물이 특별하다거나 무겁다고 생각하지 않아. 하지만 물은 여러 액체 중에서도 질량이 큰 편에 속하는 물질이야.

액체마다 밀도, 즉 같은 부피 안에 들어 있는 질량이 달라. 밀도가 크다는 것은 같은 공간에 더 많은 질량이 들어 있다는 뜻이지. 예를 들어 물 1리터의 질량은 약 1킬로그램인 반면, 에탄올은 1리터당 약 790그램 정도거든. 같은 부피인데도 에탄올이 더 가벼운 이유는 분자 구조가 느슨하여 분자 간 간격이 넓기 때문이야. 반대로 꿀이나 글리세린처럼 점성이 높은 액체는 분자 간 간격이 촘촘해서 물보다 밀도가 커.

물의 밀도가 높은 이유는 수소 결합 때문인데, 물 분자(H_2O)들은 마치 자석처럼 서로를 끌어당기는 수소 결합이라는 힘을 가지고 있거든. 이 힘이 물 분자들을 서로 가깝게 붙어 있게 만들어, 같은 부피 안에 더 많은 물 분자가 들어가게 돼.

이러한 특징은 우주 환경에서 더욱 중요해. 지구에서는 물을 쉽게 운반할 수 있지만, 우주에서는 상황이 전혀 다르니까. 우주로 물질을 보내려면 로켓이 그 무게를 견디고 궤도까지 운반해야 하며, 그만큼 많은 연료와 에너지가 필요하지.

나사에 따르면 물 1리터를 국제우주정거장까지 보내는 비용은 수백만 원에 달해. 우주비행사 한 사람은 하루 평균 약 3리터의 물을 사용하며, 세수나 음식 조리까지 포함하면 더 많은 양이 필요하지. 실제로 비행사 네 명이 6개월 동안 사용하는 물은 약 3,000리터 이상이라고 해. 우주에는 편의점도 수도 시설도 없기 때문에 필요한 자원은 대부분 지구에서 가져가야 하지.

이 문제를 해결하기 위해 나사는 사용한 물을 정화해서 재활용하는 방법을 선택했어. 우주정거장에서는 실제로 소변, 땀, 숨 쉴 때 나오는 수증기, 심지어 세수한 물까지 모두 모아서 정화한 뒤 다시 사용하고 있어. 이를 통해 수송 비용을 줄이고 우주에서의 생존 가능성을 높이고 있지.

물이 생각보다 질량이 큰 액체라는 사실은 우주 공간에서 매우 큰 영향을 미치며, 자원의 운송과 활용 방식에 대한 새로운 접근이 필요함을 보여주지. 우리가 매일 당연하게 사용하는 물 한 컵도, 우주에서는 아주 비싸고 소중한 자원이 되는 이유가 여기에 있어.

그 물 진짜 마실 수 있는 거야?

'헐, 소변, 땀, 세수한 물을 진짜로 재활용한다고? 우주, 은근 지저분한 곳이네!'라고 생각하고 있다면 오산이야! 우주정거장 내에서 발생하는 모든 물은 나사가 개발한 물 정화 시스템을 거치거든.

그럼 다들 걱정되는 소변 재활용 방법을 통해 우주의 물 정화 방법을 알아보자. 이름하야 ECLSS(환경 제어·생명 유지 시스템) 안의 물 회수 시스템(Water Recovery System)이지. 먼저 진공 화장실에서 소변을 수집해. 이 소변은 소변 회수 시스템(URS, Urine Recovery System)으로 보내져. 이 시스템은 소변을 증발시켜 고체 노폐물을 제거하고, 증발시켰던 물을 다시 냉각해 순수한 '액체'만 남기지. 이 액체를 미세한 필터로 걸러낸 뒤 땀, 공기 중 수증기와 함께 모아 정수하는 거야.

정수 과정은 총 3단계로 이루어져 있는데, 먼저 물속의 큰 이물질(먼지, 머리카락, 미세한 입자 등)을 제거하기. 이 단계에서 물은 꽤 깨끗해지지만, 세균과 바이러스는 아직 살아 있어. 두 번째는 역삼투압(RO, Reverse Osmosis) 필터를 통한 본격적인 정수 단계. 역삼투압 필터를 사용해 물속의 미세한 오염물질을 제거해. 이 필터는 머리카락 굵기의 100,000분의 1

크기의 미세한 구멍을 통해 물을 거르는데 그 결과 박테리아, 바이러스, 중금속까지 제거되지. 마지막 단계는 UV(자외선)를 이용해 세균을 죽이는 과정이야.

이 기술 덕분에 실제 우주정거장에서 45킬로그램의 물을 수집하면 907그램만 잃고, 나머지 98퍼센트를 재활용하고 있다고 해. 게다가 이 기술은 고성능 정수기 기술로 발전되어 민간 기업에서 활용되고 있어. 특히 우리가 집에서 쓰는 가정용 정수기나 재난 구호용 휴대 정수기에도 활용되고 있지. 말하자면 우주의 생존 기술이 우리의 삶을 편리하게 만든 것이지.

정수기의 핵심, 삼투압과 역삼투압!

우리 몸에도 있고, 자연에서도 일어나는 신기한 현상 중 하나가 삼투압이야. 쉽게 말해, 농도가 낮은 곳에서 높은 곳으로 물이 자연스럽게 이동하는 현상이지. 오이를 소금물에 담그면 오이 속의 물이 빠져나와 쪼그라드는 걸 본 적 있을 거야. 왜 그럴까? 오이 속의 물은 삼투압의 법칙을 따라 더 짠(농도가 높은) 소금물 쪽으로 이동하려 하기 때문이야.

삼투압이 일어나는 이유는 농도의 균형을 맞추려는 자연의 법칙 때문이지. 세포막처럼 반투과성 막(일부 물질만 통과시킬 수 있는 막)이 있을 때, 물은 용질(소금, 설탕 등)이 적은 쪽에서 많은 쪽으로 이동하며 농도를 맞추려 하거든. 그런데 만약 우리가 이 과정을 거꾸로 돌릴 수 있다면? 바로 역삼투압 방식이 되는 거야!

정수기의 핵심 원리는 바로 이 삼투압을 거스르는 역삼투압이야. 정수기의 필터에는 극도로 미세한 구멍이 난 반투

과성 멤브레인(특수 막)이 있어. 이 구멍은 0.0001마이크로미터(μm) 크기로, 물 분자만 통과할 수 있고 박테리아, 바이러스, 중금속, 미세 플라스틱 등은 통과할 수 없지. 하지만 자연적으로는 삼투압 현상 때문에 깨끗한 물이 더러운 물 쪽으로 이동하려고 해.

그래서 물에 강한 압력을 가해 반대 방향으로 흐르게 만드는 거야. 즉, 고농도의 오염된 물에 강한 압력을 가해 깨끗한 물이 멤브레인을 통과하도록 하는 거지. 이 과정에서 물 분자만 막을 통과할 수 있고, 불순물은 걸러지면서 정화된 물이 만들어지는 거야. 정수 과정의 핵심이지!

이 방식의 장점은 화학물질을 사용하지 않고도 99퍼센트 이상의 불순물을 제거할 수 있다는 점이야. 보통의 필터는 큰 입자만 걸러내지만, 역삼투압 방식은 미세한 오염물질과 용해된 물질까지 제거 가능하지. 세균이나 바이러스뿐만 아니라 중금속(납, 수은, 카드뮴 등), 질산염, 농약 성분, 심지어 해수 속의 소금까지 제거할 수 있으니까. 이런 역삼투압 멤브레인은 원래 나사의 우주 기술 연구에서 발전된 것으로, 오늘날엔 정수기의 핵심 기술이 되었어. 우리가 매일 마시는 물 한 잔 속에 '우주 기술'이 숨어 있는 셈이지.

신라의 고승 의상은 당나라에서 8년간 불법을 공부한 후 신라로 돌아가기로 결심했습니다. 그의 곁에는 그를 흠모하는 여인 선묘낭자가 있었지요. 선묘는 의상과 함께 가고 싶어 했지만, 의상은 홀로 귀국길에 올랐습니다.

하지만 배가 출항하려는 순간 거센 바람이 불며 바다가 요동쳤습니다. 그때 선묘가 하늘로 솟아오르며 거대한 용으로 변했습니다. 그녀는 바다를 잠재우고 의상의 길을 열어주었지요. 덕분에 의상은 무사히 신라에 도착했는데, 그녀가 몰래 그를 따라왔다는 사실은 전혀 알지 못했습니다.

신라로 돌아온 의상은 왕의 명으로 영주에 절을 짓기 시작했는데, 산적들의 방해로 공사가 중단되고 말았습니다. 그때 다시 용으로 변한 선묘가 바위를 던져 산적들을 물리쳤고, 그 바위는 '뜬 돌'이 되어 이후 절의 이름이 부석사

(浮石寺)가 되었지요.

하지만 이번엔 역병과 오염된 샘물로 공사가 또 중단되었습니다.

"스님! 공사장 일꾼들이 하나둘씩 병에 걸리고 있습니다!"

"물이 깨끗해질 때까지 공사를 멈춰야 합니다!"

의상이 곤란해하는 모습을 본 선묘는 마지막 힘을 쓰기로 결심했습니다. 그러자 선묘가 입에 물고 있던 여의주에서 푸른 빛이 퍼지며 오염된 물이 정화되기 시작했지요. 그것은 마치 나사의 UV 정수 기술 같았습니다.

"오오! 이게 무슨 일인가?"

"물이 다시 맑아졌소! 병도 나을 것 같소!"

공사장 일꾼들은 감격하며 물을 벌컥벌컥 들이키기 시작했습니다. 물을 마신 사람들은 기운을 되찾았고, 부석사 공사는 다시 진행될 수 있었습니다.

"스님, 이제는 걱정 없습니다! 부석사를 무사히 완성할 수 있겠어요!"

마침내 부석사는 완공되었고, 선묘는 준공식을 끝으로 미소를 지으며 하늘로 승천했습니다. 지금도 사람들은 부석사 근처 물이 맑은 이유를 이렇게 설명합니다.

"선묘낭자의 UV 여의주가 아직도 작동하고 있기 때문이라네."

— ○ —

햇빛이 곧 약이다

1877년, 영국의 과학자 다운스(Downes)와 블런트(Blunt)는 실험을 하던 중 햇빛이 박테리아를 죽일 수 있다는 사실을 발견했어. 그때까지만 해도 사람들은 단순히 '햇빛을 쬐면 건강에 좋다' 정도로만 생각했지, 빛 속에 특별한 힘이 있다는 건 알지 못했기 때문에, 이건 엄청난 발견이었지. 이후 연구가 진행되면서 햇빛 중에서도 자외선(UV)이 세균을 제거하는 핵심 요소라는 사실이 밝혀져. 1903년, 덴마크의 과학자 닐스 핀센(Niels Finsen)은 UV 광선이 결핵균을 죽이는 데 효과적이라는 연구를 발표했고, 이 공로로 노벨 생리학·의학상을 받아. 그야말로 '햇빛이 곧 약이다'라는 사실이 과학적으로 인정받은 순간이었지.

1910년에는 프랑스 마르세유에서 세계 최초의 UV 기반 상

수도 살균 시스템이 등장해. 이후 1950년대부터 유럽을 중심으로 UV 살균 기술이 정수 시설에 도입되었고, 미국에서도 본격적으로 연구가 시작되었지. 이즈음 나사는 우주에서 물을 재활용하는 방법에 대해 고민하고 있었어. 이미 필터 시스템을 갖추고 있었지만 안심하기엔 일렀어. 우주정거장은 좁고, 밀폐된 환경이기 때문에 세균이 번식하기 아주 좋은 곳이었거든. 만약 정수한 물에 세균이 조금이라도 남아 있으면, 우주비행사들이 심각한 감염 위험에 노출될 수도 있었어.

그래서 나사는 기존의 정수 방식에 강력한 UV-C 자외선 살균 기술을 추가했어. UV-C는 우주정거장에서 정수한 물을 최종적으로 완벽하게 살균하는 역할을 했지. 이 기술 덕분에 우주비행사들은 더 이상 '이 물은 어디서 왔을까?'를 걱정할 필요가 없었어.

1990년대 이후, 나사는 국제우주정거장에서 사용할 수 있는 정수 시스템을 연구하며 UV 살균 기술을 적극적으로 적용하기 시작했어. UV-C는 필터로 걸러지지 않는 보이지 않는 세균과 바이러스까지 완전히 무력화할 수 있었지. 마치 정수 필터가 물속에 있는 쓰레기를 치운다면, UV-C는 남아 있는 세균들이 아무것도 못 하게 손발을 묶어놓는 것과 같은 효과를 보여주는 거야.

우주는 물론
지구의 생명까지 살리는 UV 기술

나사는 자신들이 개발한 정수 기술을 민간 기업에도 공개했어. 덕분에 이 기술을 활용한 정수 시스템이 개발도상국, 재난 지역, 가정용 정수기까지 확산되었지. 깨끗한 물이 부족한 아프리카, 남미, 동남아시아 등의 지역에서는 나사의 정수 기술을 기반으로 한 휴대용 정수기가 도입되면서 수백만 명이 안전한 식수를 마실 수 있게 되었고, 실제로 미국의 한 기업은 나사의 기술을 적용한 휴대용 정수 필터를 개발하여 탄자니아와 인도의 시골 마을에 깨끗한 물을 공급하고 있대.

나사의 정수 기술은 재난 현장에서도 큰 역할을 했어. 2010년 아이티 대지진, 2004년 인도양 쓰나미, 2011년 일본 대지진 등 대규모 재난이 발생했을 때, 가장 큰 문제 중 하나가 깨끗한 식수 부족이었어. 나사의 정수 기술을 활용한 긴급 정수 시스템이 투입되면서 생존자들에게 즉시 깨끗한 물을 공급할 수 있었지. 이 휴대용 정수 장치는 배터리만 있으면 하루 수천 리터의 물을 정화할 수 있어서, 전력 공급이 끊긴 지역에서도 효과적으로 사용될 수 있었어.

나사의 연구 덕분에 지금 우리가 사용하는 가정용 정수기도 크게 발전했어. 나사의 역삼투압 필터와 UV 살균 기술이 가정용 정수기에 도입되면서 더 깨끗하고 안전한 물을 마실 수 있게 되었으니까.

자외선이 어떻게 세균을 죽이는 걸까?
UV-C 광선의 비밀

자외선(UV)은 우리가 흔히 아는 가시광선보다 파장이 짧은 빛으로, 크게 UV-A, UV-B, UV-C 세 가지로 나눌 수 있어. 이 가운데 세균과 바이러스를 효과적으로 없애는 것은 UV-C야. 그 이유는 세균의 DNA와 RNA가 UV-C 파장을 가장 잘 흡수하기 때문이야.

세균이나 바이러스가 UV-C를 흡수하면 유전물질에 화학적인 변화가 일어나. 특히 DNA 속의 '티민'이라는 염기들이 비정상적으로 결합해 '티민 다이머'라는 구조가 생기는데, 이때 DNA는 정상적으로 복제되거나 단백질 합성에 쓰이지 못하거든. 쉽게 말해, 세균이 살아가고 번식하는 데 필요한 설계도가 망가져 버리는 거지. 그 결과 세포는 더 이상 단백질을 만들지 못하고, 증식도 중단되며 결국 죽거나 불활성화돼. 바이러스 역시 마찬가지로, 유전체가 손상되어 숙주 세포 안에서 복제할 수 없게 되는 거야. 이런 이유로 UV-C는 세균과 바이러스를 효과적으로 제거하는 살균 도구로 쓰이는 거야.

그렇다면 왜 UV-C만 사용할까? UV-A는 에너지가 너무 약해서 살균 효과가 거의 없고, UV-B는 세균의 DNA 손상을 일으킬 수 있지만 동시에 인체에도 해로운 영향을 크게 미친대. 반면 UV-C는 세균에게는 치명적이지만, 물이나 공기를 살균하는 장치 안에서 안전하게 활용할 수 있어 정수기나 공기 살균기에 적합하지. 다만 사람의 피부나 눈이 직접 노출되면 화상이나 각막 손상을 일으킬 수 있기 때문에 반드시 밀폐된 장치 안에서만 사용해야 해.

정리하자면, UV-C는 세균과 바이러스의 유전물질을 직접 공격해 복제를 막고 생존 자체를 불가능하게 만든다는 거! 그래서 나사의 우주 정수 시스템뿐 아니라, 지구상의 병원, 식품 공장, 심지어 우리가 쓰는 공기청정기나 정수기 안에도 담겨 있는 거야.

자외선			가시광선						적외선
UV-C	UV-B	UV-A	보라	파랑	초록	노랑	주황	빨강	

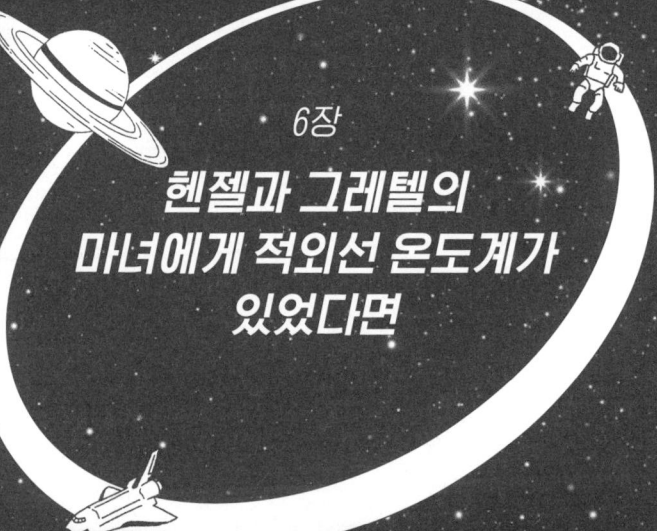

6장

헨젤과 그레텔의
마녀에게 적외선 온도계가
있었다면

헨젤과 그레텔은 힘을 모아 마녀를 오븐 안으로 밀어 넣었습니다. 마녀는 비명을 지르며 안으로 넘어졌고, 아이들은 재빨리 문을 닫았습니다.

"끝났다!"

그레텔이 안도의 한숨을 쉬며 말했습니다. 그러나 기쁨도 잠시, 오븐 안에서 이상한 소리가 나더니 갑자기 문이 벌컥 열렸습니다. 연기 속에서 마녀가 멀쩡한 모습으로 저벅저벅 걸어 나왔지요.

"어리석은 것들! 내가 이깟 불에 타죽을 줄 알았니?"

마녀는 코웃음을 쳤다. 그녀의 검은 옷은 하나도 타지 않았고, 얼굴엔 땀 한 방울도 없었습니다.

"내 옷은 에어로겔로 만들어졌단다. 나사에서 개발한 신소재지! 무려 스핀오프 기술로 탄생한 거라고!"

마녀는 자신만만한 얼굴로 외쳤습니다.

"우주에서도 보온과 단열이 뛰어난 이 옷이 나를 지켜줄 줄 몰랐지? 네 녀석들이 날 오븐에 넣는 순간, 난 그냥 따뜻한 사우나에 들어간 기분이었어!"

헨젤과 그레텔은 동시에 입을 떡 벌렸습니다.

"나사가… 마녀복을 만들었다고?"

그레텔이 황당한 얼굴로 중얼거렸습니다. 하지만 마녀는 이미 화가 머리끝까지 치솟아 있었지요.

"이 못된 꼬맹이들! 감히 날 오븐에 넣다니! 이제 너희들을 구워버리겠어!"

마녀는 아이들에게 다가가려 했지만, 바로 그때 오븐이 펑! 하는 소리와 함께 폭발했습니다. 불꽃이 사방으로 튀었고, 마녀는 깜짝 놀라 뒤로 물러섰습니다. 화재는 빠르게 번졌지만, 다행히도 천장에서 화재 감지 센서가 경고음을 내며 반짝거렸습니다. 순간, 스프링클러가 작동하며 물이 쏟아지기 시작했습니다.

"이것도 나사에서 만든 스핀오프 기술이지! 하, 하, 하!"

마녀가 큰소리로 웃으면서 아이들에게 다시 다가갔습니다.

"우주선에서도 화재를 감지할 수 있도록 개발된 기술이라고!"

쏟아지는 물줄기 속에서 헨젤과 그레텔은 재빨리 2층으로 도망갔습니다. 마녀는 젖은 머리를 휘날리며 이를 갈고 꼬마들을 뒤쫓았지요. 계단을 오르다가 헨젤과 그레텔이 던진 의자에 맞은 마녀는 화가 있는대로 나 있었습니다.

"너희들이 나를 오븐에 넣어 죽이려고 했지? 내가 너희들을 맛있게 요리해 주마."

헨젤과 그레텔은 마녀를 향해 손을 흔들며 외쳤습니다.

"오해예요! 우린 절대 마녀님을 해치려던 게 아니에요! 오븐 문이 그냥… 우연히 닫혔을 뿐이에요!"

마녀는 눈을 가늘게 뜨고 잠시 생각에 잠긴 후 마법으로 2층 방에 아이들을 가둬버렸습니다.

— ○ —

공기로 만든 단열 갑옷, 에어로겔

마녀의 옷 재료로 쓰인 '에어로겔[Air(공기) + Gel(젤상 구조)]'이 처음 세상에 모습을 드러낸 건 1931년이었어. 미국의 화학자 사무엘 키슬러(Samuel Kistler)는 "젤에서 액체만 제거해도 그 모양을 유지할 수 있을까?"라는 실험에서 출발해, 마침내 '세상에서 가장 가벼운 고체'를 만들어냈지. 공기보다도 가볍고, 얼음처럼 투명하며, 유리처럼 단단한 이 물질은 사람들의 손바닥 위에 올려놓기만 해도 감탄을 자아낼 만큼 신기한 존재였는데 과학자들은 이 물질을 '에어로겔'이라 불렀어.

하지만 이 혁신적인 소재는 금세 과학계의 기억에서 사라졌지. 당시 미국은 대공황의 한가운데에 있었고, 에어로겔을 만들기 위해선 고온·고압 환경에서의 복잡하고 값비싼 공정이 필요했거든. 그래서 산업 현장에선 환영받지 못했지. 1940~70년대 몬산토라는 회사에서는 산토셀(Santocel)이라는 이름으로 이 물질을 페인트나 실리콘 고무를 걸쭉하게 만드는 재료 등으로 판매해 보려고 했어. 하지만 생산 비용이 너무 많이 들어서 사업화에 실패했지.

1980년대가 되자 조금씩 상황이 변화하기 시작했어. 에어로겔을 과거에서 소환한 건 바로 나사였지. 왜냐고? 우주는 뜨겁거나 차갑거나 둘 중 하나뿐인 극단적인 곳이니까! 탐사선의 한쪽 면은 태양에 노출돼 100도 이상으로 데워지고, 반대편은 -200도 이하로 식어버리는 극단적인 환경에서 정밀 장비를 지키려면 가볍고도 강력한 단열재가 필요했거든. 게다가 우주선 무게를 줄이는 것은 나사의 평생 숙제였으니 가벼운 에어로겔에 집중한 건 당연한 수순이었겠지?

에어로겔의 가장 큰 특징은 엄청난 단열 효과야. 보통의 단열재는 공기가 갇힌 구조로 열전도를 막지만, 에어로겔은 초미세 다공성 구조 덕분에 열이 지나가는 걸 거의 막아버리지. 쉽게 말해 수많은 미세한 구멍들(나노 크기의 기공)이 엉켜 있는 스펀지 같은 형태인데, 일반적인 스펀지와는 비교도 안 될 정도로 작고 조밀한 구조인 거야. 마치 거대한 도시 안에 초미세 골목들이 수없이 연결된 미로 같은 모습이라고 생각하면 돼.

나사 연구진이 실험해 본 결과, 한쪽에서 불꽃을 가까이 대도 반대쪽은 거의 차가운 상태로 유지됐대. 게다가 에어로겔을 손 위에 올려놓고 그 위에 촛불을 켜도 손이 뜨거워지지 않을 정도였지. 이 사실을 확인한 나사는 에어로겔을 다양한 우주 미션에 활용하기 시작했어.

나사가 처음으로 에어로겔을 우주에서 활용한 대표적인 사례는 1997년 발사된 마스 패스파인더(Mars Pathfinder) 탐사선이야. 이 탐사선에는 화성의 극한 온도를 견디기 위해 에어로겔이 장착되었지. 그리고 화성 탐사 로봇 '스피릿(Spirit)'과 '오퍼튜니티(Opportunity)'에도 역시 에어로겔 단열재가 적용되었어. 결과는 대성공! 에어로겔 단열재 덕분에 탐사선은 밤에도 얼어붙지 않고 장비를 보호할 수 있었어.

이제는 건축 단열재, 방한 의류, 전기차 배터리 단열재부터 소방 장비(방화복)에까지 안 쓰이는 곳이 없는 에어로겔, 나사에서 다시 주목하고 활용하지 않았더라면 이 소중한 장비들을 제대로 활용할 수 없었을 거야.

우주선에서 화재가 발생하면?

나사 연구원들은 우주에서 발생할 수 있는 모든 상황의 수를 생각해 봐. 우주비행사가 갑자기 급성 맹장염에 걸려서 긴급 수술을 해야 하는 상황이 발생한다면? 달의 먼지에 기계가 고장이라도 난다면? 물을 보급받지 못하는 상황이라면? 등등 만에 하나라도 문제가 될 수 있는 일들을 대비하기 위해 노력하지. 화재 감지기도 '우주선에서 화재가 발생한다면?'이라는 상황 설정에서 고안된 거야. 우주선에서 화재가 발생하면 지구보다 훨씬 위험한 상황이 되거든. 우주 공간에서는 산소가 없으니 불이 날 수 없지. 하지만 '우주선 내부'는 지구 대기와 비슷한 산소 농도를 유지하고 있어서 충분히 화재가 날 수 있거든. 다만 밀폐되어 있어서 연기나 유해가스가 한 번 발생하면 외부로 빠져나가지 못하고 금세 내부로 확산돼. 게다가 지구에서는 소화기나 물을 뿌리면 중력 덕분에 액체가 흘러내리며 불을 덮지만, 무중력 환경에서는 액체가 둥둥 떠다니고, 불꽃도 둥근 구체 형태로 퍼져서 진화가 훨씬 어려워.

그래서 나사는 화재가 발생하기 전에 예방하고, 화재가 나더라도 조기에 발견하고 진압할 수 있도록 우주선 내부에서 연기나 가스를 빠르게 감지할 수 있는 화재 감지 기술을 개발하게 된 거야. 이 기술은 이후 스핀오프 기술로 민간에 보급되어 오늘날 우리가 사용하는 화재 감지기의 기반이 되었지.

예전에는 단순히 연기가 감지되면 경보를 울리는 수준이었지만, 지금은 미세한 가스 변화까지 감지할 수 있어. 전기 배선에서 작은 불꽃이 튀거나 플라스틱이 타기 시작할 때 나오는 화학물질을 감지해 화재가 발생하기 전에 경고음을 울리는 정도지. 학교, 급식실, 실험실은 물론 산소 탱크나 전자 의료 장비가 많아 작은 불씨에도 큰 사고가 발생할 수 있는 병원에서도 나사의 화재 감지 기술을 활용해 더욱 안전한 생활을 할 수 있는 거야. 나사의 연구 덕분에 더 정밀하고 빠른 감지 기술을 사용할 수 있게 되었고, 이는 많은 사람들의 안전을 지키는 데 큰 역할을 하고 있어.

열이 통하지 않는 구조, 에어로겔

우리가 단열재를 사용할 때, 가장 중요한 것은 열이 전달되는 세 가지 방식(전도, 대류, 복사)을 얼마나 막을 수 있는가야. 에어로겔은 이 세 가지 중 특히 전도와 대류를 통한 열을 차단할 수 있다는 점에서 최적의 단열재지.

먼저 '전도'는 물질을 따라 열이 이동하는 방식을 말해. 예를 들어, 금속 숟가락을 뜨거운 물에 넣으면 손잡이까지 뜨거워지는 것이 열전도 때문이지. 하지만 에어로겔은 99퍼센트가 공기로 이루어져 있어 고체 부분이 극도로 적어. 즉, 열이 이동할 수 있는 길 자체가 거의 없으므로 열전도가 거의 일어나지 않는 거야.

'대류'는 뜨거운 공기가 위로 올라가고, 차가운 공기가 아래로 내려오면서 열이 전달되는 방식이야. 에어로겔 내부의 미세한 구멍들은 공기가 자유롭게 움직이는 것을 막아 버리지. 마치 미로 속에 갇힌 사람이 길을 못 찾고 헤매듯

2부 | 생명과 안전을 지킨 나사의 기술

이, 공기가 제대로 흐를 수 없게 돼. 그러니 자연스럽게 대류에 의한 열 이동이 차단되는 거지.

공기로 만든 최강의 방어막과 같은 에어로겔은 열을 막아주는 미래형 단열 소재이지.

화재 감지기 작동 원리

화재 감지기는 주로 연기 감지 방식과 온도 감지 방식을 사용해. 연기 감지 방식에는 '광전식'과 '이온화식' 두 가지가 있어. 광전식 감지기는 빛을 이용해 연기를 감지하는 방식이야. 마치 어두운 방에서 손전등을 비췄을 때, 먼지가 떠다니며 빛이 퍼지는 것처럼 화재로 인해 연기가 감지기 내부로 들어오면 빛이 산란(파동이나 입자선이 물체와 충돌하여 여러 방향으로 흩어지는 현상)되거나 차단되어 경보가 울리는 거지. 이 방식은 천천히 타는 화재, 예를 들어 가구나 직물이 서서히 연소하는 경우를 감지하는 데 유용하지.

이온화식 감지기는 공기 중의 미세한 전기 변화를 감지하는 방식이야. 감지기 내부에는 방사성 물질인 '아메리슘-241'이 들어있는데, 이것이 공기 분자를 이온화시켜. 공기가 이온화되면 그 사이에 미세한 전류가 흐르거든. 그래서 불이 나면 연기가 감지기 내부로 들어오면서 이온의 흐름을 방해하고, 이 변화를 알아챈 감지기가 경보를 울리는 거야. 빠르게 타는 화재, 기름이나 종이가 타면서 불길이 급격히 번지는 경우 감지하는 데 효과적이지.

온도 감지 방식은 주변 온도가 급격히 상승할 때 작동해. 보통 일정한 온도(예: 65도) 이상이 되면 자동으로 화재를 감지해. 주방이나 보일러실처럼 연기가 자주 발생하는 곳에서 연기 감지기 대신 활용돼.

반면 나사에서는 더 정밀한 감지 시스템이 필요했기 때문에 새로운 감지 기술을 개발했는데, 바로 '적외선 센서'를 이용한 감지 기술이야. 이 센서는 불꽃에서 나오는 특정 파장의 빛을 감지해 화재 여부를 판단하는 건데, 마치 야간 투시경이 어두운 곳에서도 열을 감지하는 것과 비슷한 원리지.

가스 센서 감지 기술도 마찬가지로 나사에서 개발했어. 일반적인 화재 감지기는 연기나 열을 감지하지만, 나사의 기술은 불이 나기 전, 물질이 불에 타기 시작하면서 방출하는 미세한 가스를 감지할 수 있는 거야. 전기 배선에서 작은 불꽃이 튀거나 플라스틱이 서서히 가열될 때 발생하는 가스를 미리 감지해 경보를 울릴 수 있어. 덕분에 화재가 본격적으로 번지기 전에 미리 조치를 취할 수 있지.

#2

"이제 제대로 너희를 요리할 차례군."

마녀는 오븐 온도를 맞추며 기분 좋게 웃었습니다. 하지만 헨젤이 코를 찡그렸습니다.

"근데 과자 집 맛이 없어요. 너무 딱딱하거나 퍼석해요. 혹시 요리를 잘 못하시나요?"

"뭐? 뭐라고?"

마녀의 눈썹이 부르르 떨렸습니다. 그레텔도 고개를 끄덕이며 거들었습니다.

"온도가 너무 높으면 쿠키가 타고, 너무 낮으면 제대로 안 익고 흐물거리잖아요. 식감도 퍽퍽하고요. 우리를 요리하려면 정확한 온도가 중요할 텐데, 할 수 있겠어요?"

마녀는 코웃음 치며 나사의 적외선 온도계를 꺼냈습니다.

"후훗, 나를 바보로 보나? 이건 나사의 적외선 온도계다! 이걸로 오븐 온도를 정확히 측정한단다. 너희를 노릇노릇 바삭하게 구워주지!"

헨젤은 조금도 당황하지 않고 능청스럽게 말했습니다.

"좋은 요리는 온도보다 조리법이 중요하죠. 고기 맛을 제대로 내려면 수비드(Sous-vide) 방식이 최고예요."

"수비드?" 마녀가 눈을 찌푸렸습니다.

"진공 밀폐된 팩에 재료를 넣고 수비드 기계에서 12시간 동안 천천히 익히는 프랑스식 요리법이에요. 그러면 엄청 부드럽고 촉촉해진다니까요."

'부드럽고 촉촉하다고? 그래, 바로 그거야!' 마녀의 눈빛이 번쩍였습니다. 그날 밤, 마녀는 '수비드'를 검색했습니다. '수비드 머신 추천', '프랑스 요리 비법'이 줄줄이 떴지요. 마녀는 온라인 리뷰 별점이 제일 높은 기계를 장바구니에 넣었습니다.

"배송까지 이틀이라니! 마법보다 빠르잖아!"

이틀 뒤 기계가 도착하자마자 흥분한 마녀는 헨젤과 그레텔을 비닐 팩에 넣고는 중얼거렸습니다.

"드디어 내 요리 인생의 터닝포인트가 왔구나."

하지만 마녀가 기계 매뉴얼을 읽느라 정신이 팔린 사이, 헨젤과 그레텔은 몰래 손톱으로 비닐을 찢기 시작했습니

2부 | 생명과 안전을 지킨 나사의 기술

다. 비닐 팩을 찢고 나온 아이들은 문쪽으로 기어가 탈출에 성공했습니다. 뒤늦게 찢어진 비닐 팩을 발견한 마녀가 외쳤습니다.

"애들아! 아직 예열도 안 끝났다고!"

그러나 이미 늦었습니다. 헨젤과 그레텔은 숲속으로 사라진 뒤였습니다.

— ○ —

적외선? 새로운 눈을 뜨다

귀에 살짝 대기만 해도 체온을 알려주는 귀 체온계는 어떻게 온도를 측정한 걸까? 귀가 지금 몇 도라고 말을 해주는 것도 아닌데 말이지. 그 비밀은 '적외선'이라는 보이지 않는 빛에 있어.

우리 몸은 늘 열을 내고 있는데 그 열은 보이지 않는 적외선 (빛) 형태로 방출되지. 귀 체온계는 이 적외선으로 온도를 감지하는 거야. 모든 물체는 절대영도(-273도) 이상이면 온도에 따라 적외선을 방출해. 심지어 얼음조차도 미약한 적외선을 내지. 그런데 사람들은 이 적외선을 언제부터 알고 있었을까?

적외선의 존재는 1800년 영국의 천문학자 윌리엄 허셜(William Herschel)이 처음 발견했어. 그는 햇빛을 프리즘으로 분해해 스펙트럼을 조사하던 중, 빨간색 너머 눈에는 보이지 않는 영역에서 온도가 더 높다는 사실을 발견했어. 허셜은 눈에는 보이지 않지만 열을 전달하는 '보이지 않는 빛'이 있다는 걸 알아낸 거야. 인류 최초로 적외선을 확인한 순간이지.

나사는 왜 적외선 온도계가 필요했을까?

나사는 극단적으로 온도가 변하는 우주에서 장비들을 안전하게 유지하기 위해 실시간으로 우주선과 장비의 온도를 측정하는 게 중요했어. 온도계를 물체에 대고 측정하면 되는 지구와는 다르게 우주에서는 장비에 쉽게 접근할 수 없고, 특히 멀리 떨어진 행성이나 별의 온도를 측정하려면 완전 새로운 방법이 필요했지. 이때 활용된 게 '적외선'이야. 물체가 방출하는 적외선을 이용해 온도를 측정하는 기술을 개발한 거야. 이때 개발된 비접촉식 적외선 온도 센서는 이후 민간으로 이전되어 의료 현장에서 사용하는 귀 체온계로 발전된 거야. 우리가 몇 초만에 체온을 알 수 있는 것도, 우주 탐사를 위한 기술이 생활 속에 들어온 덕분이지.

적외선은 이후 은하 구조 연구와 적외선 망원경 개발에까지 활용되었는데, 기존의 가시광선 망원경으로는 먼지에 가려 보이지 않는 별의 탄생 과정이나 은하 구조를 적외선 망원경으로는 관측할 수 있었거든. 1983년, 나사가 발사한 IRAS(적외선 천문위성)는 처음으로 전 하늘 적외선 지도를 작성했고, 이후 스피처 우주 망원경, 최근의 제임스 웹 우주 망원경까지 이어져 우주의 기원과 진화를 탐구하는 데 활용되고 있지.

빛의 파장과 적외선

빛은 파장에 따라 여러 영역으로 나뉘는데, 우리가 볼 수 있는 가시광선은 약 400~700나노미터(㎚). 적외선은 약 700나노미터~1밀리미터(㎜)으로 긴 파장을 가진 빛이야. 파장이 길수록 에너지는 낮지만, 가시광선보다 더 깊이 물질을 투과할 수 있지. 우주에는 성간 먼지가 많아서 가시광선이 흡수, 산란되지만, 긴 파장의 적외선은 비교적 작은 먼지를 통과해 내부 구조를 보여줘. 그래서 별이 태어나는 영역, 은하 중심부 등을 연구할 때 필수적이야.

7장

**고종에게
로보글러브가
있었다면**

1905년 11월 17일, 찬 바람이 경운궁을 맴돌았습니다. 조선은 일본의 압박 아래 있었고, 을사조약은 강제 체결 직전이었거든요. 궁을 겨눈 대포, 헌병의 발소리. 공포가 짙게 깔렸습니다.

그날 고종은 병세가 심해 침전에서 일어나지 못했습니다. 훗날 "인후염을 핑계로 회피했다"라는 평이 남았지만, 실은 고종도 사연이 있었지요.

고종의 인후염은 며칠째 심했고, 기침은 쉴 없이 이어졌습니다. 숨을 쉴 때마다 목이 조여왔고, 산소가 부족한 듯 눈앞이 뿌옇게 흐려졌습니다. 시종들이 고종의 손을 붙잡고 간호했지만 갑작스러운 흉통과 호흡 곤란이 겹쳐 황제는 의식을 잃고 말았습니다.

내의원은 황제의 위독함을 알렸고, 대신들은 눈물을 흘

리며 침전 앞에 무릎 꿇었습니다.

그때 참정대신 한규설이 서양 장비 하나를 들고 나타났습니다.

"폐하! 나사에서 사용하는 생명 유지 장치입니다. 기도를 열고 산소를 공급해 폐하를 살릴 수 있습니다."

누군가는 역적의 기계라며 반대했지만, 한규설은 단호하게 말했습니다.

"폐하가 깨어나시지 않으면, 오늘 이 나라의 운명도 함께 끝날 것입니다."

한규설이 가져온 장치를 고종의 얼굴에 대고 스위치를 누르자, 기계 안에서 부드러운 진동과 함께 산소가 분사되었습니다. 처음엔 미약했던 고종의 가슴이 조금씩 오르내리기 시작했습니다. 이어 마른 입술이 떨리더니, 마침내 눈꺼풀이 천천히 열렸습니다.

"숨이… 다시….."

신하들은 조용히 탄성을 삼켰습니다.

하지만 고종의 숨이 돌아온 기쁨도 잠시, 고종의 침전은 또다시 침묵에 잠겼습니다. 시종이 뜨거운 찻잔을 내밀자 고종은 그 손을 가만히 내려놓고, 조용히 중얼거렸습니다.

"내가 살아서… 무슨 의미가 있는가."

그의 손은 떨렸고, 허리는 굽어 있었으며, 시선은 바닥을 향해 있었습니다.

"나라를 지키지 못하고… 백성의 피가 헛되이 흘렀거늘… 숨을 다시 쉬는 것이 과연 복인가, 형벌인가."

그 말에 신하들은 더는 아무 말도 하지 못했습니다. 말없이 눈물을 흘리는 대신들 곁에서, 한규설은 입술을 깨물었습니다.

— ○ —

우리가 숨을 쉰다는 건

고종의 숨이 돌아왔다니 다행이야. 하지만 그의 말처럼 나라를 지키지 못했으니 얼마나 마음이 무거웠을지 짐작이 가. 다시금 멀쩡히 숨 쉬는 자신이 원망스럽게 느껴질 수도 있을 거고. 그나저나 한규설이 가져왔던 장치는 무엇이었을까?

그전에 숨을 쉰다는 것에 대해 먼저 알아보자. 숨을 쉰다는 건 우리 몸속 공장이 돌아간다는 뜻으로 이해하면 돼. 몸은 산소라는 연료를 받아 에너지를 만들고, 그 과정에서 생긴 이산

Tip **인공호흡, 심폐소생술은 언제부터 시작되었을까?**

인공호흡의 역사는 고대 로마 시대로 거슬러 올라간다. 2세기 경 의사 갈레노스는 동물 실험에서 풀무(불 속에 바람을 넣어주는 장치)를 사용해 죽은 동물의 폐를 팽창시키는 실험을 했다. 그는 이를 통해 '공기가 생명 유지에 필수적이다'는 사실을 관찰했지만, 당시에는 이러한 인위적 호흡법을 사람에게 적용할 생각은 하지 못했다.

그로부터 약 1,400년이 지난 16세기, 해부학자 안드레아스 베살리우스가 동물의 기관에 갈대나 관을 삽입해 공기를 불어넣는 방법을 기술하였다. 이는 살아 있는 동물의 장기를 관찰하던 중 이루어진 실험으로, 인위적으로 폐에 공기를 공급해 생명을 유지할 수 있다는 가능성을 보여주었다.

화탄소를 내보내야 하지. 공기는 코나 입으로 들어와 기관을 따라 폐로 도착해. 폐 속에는 아주 작은 풍선 같은 폐포가 가득한데, 여기서 산소가 혈액으로 들어가.

산소를 실은 혈액은 고속도로를 달리는 택배처럼 온몸을 돌며 세포에 산소를 배달해. 세포는 그 산소를 이용해 에너지를 만들고, 동시에 이산화탄소라는 쓰레기를 내보내지. 이 이산화탄소는 다시 혈액을 타고 폐로 돌아와. 그리고 우리가 내 쉬는 숨과 함께 바깥으로 빠져나가지. 이것이 바로 호흡의 원리야.

그런데 숨이 멈추면 어떻게 될까? 몇 분만 지나도 뇌는 산소 부족으로 작동하지 못하게 되고, 의식을 잃게 돼. 이 상태가 지속되면 뇌세포가 죽고, 결국 심장도 멈춰 생명에 큰 위협을 받게 되지. 숨을 못 쉰다는 건 단순히 답답한 느낌이 아니라, 몸 전체가 살아가기 위한 에너지 공급이 끊긴다는 뜻이야. 그래서 응급상황에서 가장 먼저 확인하는 것이 환자가 숨을 쉬고 있는지 여부야. 숨이 멎으면 곧바로 인공호흡이나 인공호흡기 같은 장비를 이용해 숨을 대신 넣어주는 것도 이 때문이지.

이번엔 우주가 아닌 지구를 위한 연구

2020년 초, 전 세계를 강타한 코로나19 팬데믹은 많은 나라의 의료 시스템을 위기로 몰아넣었어. 다들 기억하지? 특히 중증 환자를 치료하는 데 꼭 필요한 인공호흡기가 절대적으로 부족해지면서 수많은 생명이 위협을 받게 되었었지. 그런데 이 소식이 전혀 뜻밖의 곳까지 전해진 거야. 바로 우주를 연구하던 기관, 나사에 말이야.

　나사의 제트추진연구소(JPL)는 원래 화성 탐사선이나 우주 비행사의 생명 유지 시스템을 연구하던 곳이야. 하지만 지구에서의 팬데믹 상황이 심각해지자 연구소 내부의 엔지니어들은 자신들이 기여할 수 있는 방법을 찾기 시작했어. 그렇게 시작한 프로젝트의 결과물이 바로 VITAL(바이탈) 인공호흡기야. VITAL은 'Ventilator Intervention Technology Accessible Locally'의 약자로, 쉽게 말해 "누구나, 어디서든 쉽게 만들고 사용할 수 있는 인공호흡기"라는 뜻이야. 우주선 안에서 생명을 유지하던 기술을 지구에 맞게 응용한 거야.

　제트추진연구소의 팀은 기존 인공호흡기의 복잡한 구조와 높은 비용이 전 세계 병원에 큰 부담이라는 점을 분석하고, 불필요한 기능은 제거하고 꼭 필요한 기능만 남긴 단순하고 효율적인 호흡기 설계에 집중했어. 특히 산소 공급, 기도 압력 조절, 환자 상태에 따라 호흡을 조절할 수 있는 기본 기능을 유지하면서도 부품 수를 줄이고 생산 시간을 단축시켰지. 실제로 개발에 걸린 시간은 단 37일. 나사 기술로는 드물게 놀라운 속도의 결과였어.

　개발이 완료되자마자 나사는 미국 식품의약국(FDA)에 긴급 사용 승인을 요청했고, 이 장치는 빠르게 FDA의 긴급 사용

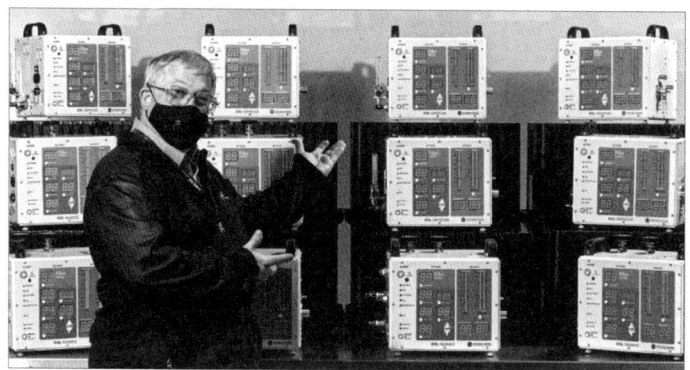

VITAL 인공호흡기   ©NASA

허가를 받았어. 이후 나사는 이 기술을 상업적 이익 없이 전 세계 제조사에 무료로 공개했어. 인도, 브라질, 멕시코 등 의료 인프라가 부족한 나라에서 VITAL을 활용해 수많은 생명을 살리는 데 기여할 수 있었던 이유가 바로 여기에 있지.

실제로 2020년 이후 VITAL 인공호흡기는 특히 의료 자원이 부족한 지역이나 응급 상황에서 효과적으로 활용될 수 있었는데, 야전 병원이나 이동식 진료소 등에서도 쉽게 사용할 수 있도록 설계되어, 다양한 환경에서 환자 치료에 기여했어. 이 장치는 전 세계적으로 42개국 이상에서 사용 승인을 받았으며, 다양한 제조업체에 라이선스가 부여되어 대량 생산도 가능해졌지. VITAL 인공호흡기의 도입은 의료 현장에서의 인공호흡기 부족 문제를 완화하고, 응급 상황에서의 대응

능력을 향상시키는 데 큰 역할을 했지. 이러한 혁신적인 접근 방식은 향후 의료기기 개발 및 보급에 있어 중요한 모델이 되었어.

VITAL 인공호흡기,
어떻게 숨 쉬는 걸 도와주나?

인공호흡기는 사람이 스스로 숨을 쉬지 못할 때, 대신 폐를 움직여주는 기계야. 보통 우리가 숨을 들이쉴 땐 횡격막이 내려가면서 가슴 속 공간이 넓어지고, 그 결과 가슴 내부의 압력이 대기압보다 낮아져 폐로 공기가 들어오게 돼. 하지만 인공호흡기는 이와 반대로 공기를 압력으로 밀어 넣는 방식을 사용해. 말하자면, 폐를 풍선처럼 강제로 부풀렸다 줄이는 장치인 거야.

　나사가 만든 VITAL 인공호흡기도 이 원리를 이용해. 먼저 산소가 포함된 공기를 공급받아 환자의 폐 속으로 밀어 넣고, 내쉴 땐 밸브를 열어 공기를 빼내는 거야. 이때 중요한 건, 공기가 완전히 빠져나가 폐가 찌그러지지 않도록 하는 거야. 이를 위해 양압 유지 장치(PEEP)를 사용해 폐 안에 항상 약간의 압력을 남겨둬 폐포가 무너지지 않고 산소 교환이 계속 일어나게 하지.

결국 VITAL 인공호흡기는 "스스로 숨을 쉴 수 없는 사람을 대신해 공기를 넣고 빼주며, 폐가 무너지지 않게 지켜주는 기계"라고 할 수 있지.

고종이 무기력하게 앉아 있을 때, 문관들이 작은 상자를 한규설 앞에 내밀었습니다. 그 안엔 낯선 장갑 하나가 들어 있었습니다.

"이것은 로보글러브라 합니다. 서역의 우주관청에서 개발된 것으로 손에 힘을 갖게 한다고 하옵니다. 폐하의 정신과 육체가 힘을 잃은 것은 사실이나 육신이 바로 설 때 정신도 되살아납니다. 이 장갑을 착용하면 그 손에 전과 다른 힘을 느끼실 수 있어 폐하의 심신이 바로 설 수 있을 것입니다."

고종은 조용히 장갑을 바라보다 낮은 목소리로 말했습니다.

"이 손으로… 내가 무엇을 할 수 있겠는가."

한규설이 무릎을 꿇고 대답했습니다.

"폐하, 저희가 목숨 걸고 지켜드리려는 것은 단지 황제의 자리가 아닙니다. 그것은 조선의 상징이자, 백성의 마지막 희망이옵니다. 폐하의 한마디, 손짓 하나는 비록 미약해 보여도, 이 나라의 혼이 살아 있음을 증명하는 마지막 깃발이옵니다."

그 말에 고종은 조심스레 장갑을 꼈습니다. 로보글러브는 자동으로 손의 근육을 감지해 지지했고, 그의 손은 마치 젊은 시절처럼 다시 펴졌습니다. 차가운 찻잔을 들어 올리자, 완전히는 아니지만 손에 힘이 돌아오는 감각이 되살아났습니다.

"중명전으로 가자…. 내가, 내가 막아야 한다."

고종은 똑바로 일어나 걸음을 옮겼습니다. 손에 힘이 들어오자 숨이 트이는 느낌이 들었지요.

그 시각 중명전 회의장에서는 이토 히로부미가 군인들과 함께 당도해 대신들에게 압박을 가하고 있었습니다. 을사오적은 조약서에 도장을 찍을 준비를 하고 있었습니다.

"폐하께서 참석하지 않으셨으니, 외부대신인 제가 대신 찍겠습니다."

박제순이 인주에 손을 대는 순간 문이 '쾅' 하고 열렸습니다.

"그 손, 멈추라!"

고종과 함께 나타난 한규설이 박제순의 손목을 낚아채며 말했습니다.

"네 손으로 이 조약을 찍는 순간, 너는 조선의 이름을 팔고 역사의 이름을 더럽힌 죄인이 될 것이다."

하지만 아랑곳 않고 이완용이 도장을 대신 찍으려 하자, 고종이 로보글러브로 직접 도장을 낚아챘습니다. 그리고 회의장 중앙으로 걸어 들어가며 큰소리로 외쳤습니다.

"이 나라는 황제가 있는 나라다. 나의 뜻이 아니고서, 그 어떤 도장도 조약이 될 수 없다!"

조약서는 결국 고종의 국새 없이 박제순의 인장으로 날조되었습니다. 그러나 황제의 심장은 멈추지 않고 이전보다 더 강렬하게 뛰고 있었고, 황제의 손은 마지막까지 저항의 의지를 움켜쥐고 있었습니다.

그날 밤, 고종은 조용히 말했습니다.

"짐의 숨은 기계가 살렸고, 손은 다시 힘을 얻었다. 그러나 이대로 가만히 있을 순 없다. 조선의 국민들이 일제의 부당한 조약으로 고통받고 있음을 반드시 알려야 한다."

몇 해 뒤, 고종은 헤이그에 특사를 파견해 을사늑약의 부당함을 세계에 알리게 됩니다.

— ○ —

우주에서 물건 잡기가
이렇게 어려울 줄이야

로보글러브(Robo-Glove)의 시작은 우주였어. 나사는 우주
비행사들이 국제우주정거장이나 우주비행선 안에서 오랜 시
간 복잡한 작업을 해야 할 때, 손에 오는 부담을 줄일 수 있는
방법을 고민하고 있었어. 우주에서는 지구처럼 물건을 쉽게
잡거나 조작하기 어려우니까. 특히 두꺼운 우주복 장갑을 끼
고 나사를 돌리거나 공구를 들고 작업하는 건 손에 매우 큰 피
로감을 주고, 반복되면 부상으로도 이어질 수 있거든. 이 문제
를 해결하기 위해 나사는 사람의 손에 힘을 증폭해 주는 '기계
근육'을 고안하게 된 거야.

이때 함께 손을 맞잡은 파트너가 자동차 회사인 제너럴 모
터스(GM)였어. 제너럴 모터스 역시 공장에서 반복적인 작업
을 하는 작업자들의 손목과 손가락에 가는 부담을 줄일 방법
을 찾고 있었거든. 나사와 제너럴 모터스는 서로의 기술을 합
쳐서 우주에서도, 공장에서도 손의 부담을 덜어주는 장갑을

개발하기 시작했어. 그렇게 탄생한 게 바로 로보글러브야.

개발 초기에는 실제 우주복 장갑 안에 모터와 센서를 넣을 수 있는지, 움직임에 방해되지 않으면서도 도움이 될 수 있는지 실험하는 것부터 시작했지. 나사의 과학자들은 먼저 우주 비행사의 손가락 움직임 데이터를 수집해 어떤 동작에서 가장 힘이 많이 드는지 분석했어. 그 결과, 손가락을 구부리고 물건을 꽉 잡을 때 가장 많은 에너지가 소모된다는 사실을 알아냈어. 이를 바탕으로 손가락 하나하나에 작동하는 소형 모터와 힘을 전달하는 인공 힘줄을 설계하기 시작했지.

가볍고 활용도 높은 기계 장갑

나사와 제너럴 모터스의 합작으로 개발된 로보글러브는 사용자가 손을 움직이려 할 때, 아주 작은 힘만 줘도 장갑이 그 신호를 읽고 모터가 자동으로 나머지 힘을 보태주는 방식으로 작동해. 이렇게 작동하기 위해서는 센서가 중요한데, 나사는 '압력 센서'와 '근전도(EMG) 센서'가 가장 효과적이라는 걸 발견하고, 사용자의 의도를 빠르게 감지하고 반응하는 장갑을 만들어냈지. 게다가 장갑이 무거우면 손에 부담이 되니, 경

로보글러브의 모습 ©NASA

량 재료와 소형 배터리, 우주복에 사용되던 내구성 좋은 섬유
까지 활용해 가볍고 튼튼한 로보글러브를 완성했어.

개발이 완성된 뒤로는 다양한 분야에서 활용되기 시작했는
데, 단순히 힘이 약한 사람을 돕는 데 그치지 않고 의료, 재활
분야, 산업 현장, 군사나 재난 구조 같은 특수 분야로도 활발
히 사용되고 있어. 뿐만 아니라 로보글러브는 일상생활 보조
장치로도 발전 중이야. 나이가 들면 근육도 약해져서 병뚜껑
을 여는 것조차 힘들어지거든. 그럴 때 이 장갑은 생활의 문턱
을 낮춰주지. 직접 병을 열고, 컵을 들어올리고, 옷 단추를 잠
그는 간단한 동작들을 스스로 할 수 있도록 도와주니까 삶의

질이 달라져. 사용자의 손에 딱 맞게 작동하고, 힘을 줄 부분만 정확하게 도와주는 설계 덕분에, 기계지만 자연스럽고 따뜻한 지원자처럼 작동하는 거지. 고령화 사회가 진행될수록 더욱 필요도와 활용도가 높은 기술인 것 같지 않니?

근육은 어떻게 움직이고 왜 약해질까?

근육이 수축하거나 이완하는 과정은 마치 고무줄을 당겼다 놓는 것과 비슷한 원리로 작동해. 하지만 그 안에서는 아주 작은 단백질들과 신호들이 복잡하게 움직이고 있어. 우리 몸에서 근육이 움직이려면, 먼저 뇌가 신호를 보내야 해. 이 신호는 전기처럼 흐르는 신경 자극이고, 자극은 빠르게 근육까지 전달되지.

신호가 근육에 도착하면, 근육 안에서는 칼슘이라는 물질이 튀어나와. 칼슘은 일종의 버튼 같은 역할을 하는데, 칼슘이 나오면 근육 속에 있는 두 개의 단백질, '액틴'과 '미오신'이 움직이기 시작해. 이 두 단백질은 마치 지퍼처럼 맞물려서 미오신이 액틴을 끌어당겨. 이때 끌어당기는 동작이 바로 근육 수축, 즉 근육이 짧아지면서 힘을 내는 과정이야. 이때 필요한 힘은 ATP라는 에너지 물질에서 나와. ATP는 근육 속에서 동력을 주는 배터리 같은 존재야. 미오신이 액틴을 여러 번 당기면서 근육이 줄어들면, 그 힘으로 우리가 팔을 들거나 다리를 움직일 수 있는 거지.

반대로 수축이 끝난 후에 근육은 다시 원래 길이로 돌아와야 하는데, 이걸 이완이라고 해. 이때는 칼슘이 다시 저장고로 들어가고, 액틴과 미오신의 연결로 풀리게 되지. 그러면 근육이 다시 길어지면서 편안한 상태가 돼. 마치 고무줄을 놓았을 때 다시 원래대로 돌아가는 것처럼 말이야.

그런데 나이가 들거나 몸에 문제가 생기면, 예전처럼 손이나 근육을 자유롭게 움직이기 어려워져. 마치 오래 쓴 고무줄이 탄력이 줄어드는 것처럼, 우리 몸의 근육 세포 수나 근섬유 크기가 줄어들고, 신경신호 전달이 느려지는 거야.

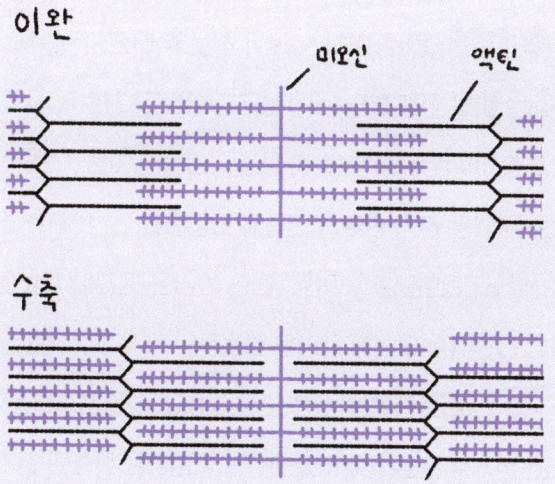

로보글러브 작동 원리, 근전도 센서

로보글러브는 여러 개의 똑똑한 센서와 모터, 그리고 인공 힘줄이 유기적으로 연결되어 이루어져. 로보글러브의 작동에 있어서 가장 핵심 요소는 압력 센서와 근전도(EMG) 센서! 압력 센서는 손가락이나 손바닥에 살짝 힘이 들어가는 순간을 감지해. 예를 들어, 사용자가 손으로 컵을 잡으려고 손가락에 아주 작은 압력을 주면, 장갑 안의 센서가 물건을 쥐는 것으로 인식하는 거지. 이 신호를 기반으로 장갑 안쪽에 설치된 모터가 즉시 작동해 손가락을 자연스럽게 굽히거나 펼 수 있도록 도와줘.

근전도 센서는 조금 더 정밀한 기술이야. 사람의 근육은 움직이기 전, 아주 미세한 전기 신호를 발생시키는데, 이 센서는 피부 위에 붙어 있는 얇은 장치로 그 신호를 감지해. 예를 들어 사용자가 손을 꽉 쥐고 싶다는 의지를 가지면, 뇌에서 내려온 전기 신호가 근육에 도달하고, 그 미세한 전류를 센서가 잡아내는 거야. 그러면 장갑은 물건을 쥐어야겠다고 판단해서 모터에 명령을 내려주는 거지.

장갑 안에 들어있는 소형 모터와 인공 힘줄은 이 명령에 따라 실제로 손을 움직이게 돼. 인공 힘줄은 유연한 실처럼 장갑 안에 배치되어 있는데, 모터가 돌아가면 이 힘줄이 당겨지면서 손가락이 접히거나 펼쳐지는 구조지. 이는 마치 인형극에서 줄을 당기면 인형이 움직이는 것처럼 작동해. 사람의 진짜 근육처럼 보이지는 않지만, 작고 강한 모터들이 손가락 하나하나를 섬세하게 조절해 주지.

3부

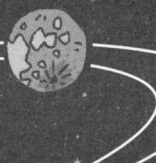

전략, 전술을 바꾼 나사의 기술

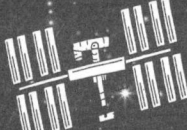

8장

이순신 장군에게
GPS가 있었다면

'오늘 진실로 죽음을 각오하였으니, 바라건대 반드시 이 적을 섬멸하게 해주소서.'

정유년 음력 11월 18일(양력 1598년 12월 15일) 밤. 이순신 장군은 배 위에 꿇어앉아 하늘을 우러러 맹세했습니다. 임진왜란이 일어난 지 벌써 7년째. 드디어 왜적을 조선에서 몰아낼 마지막 전쟁인 노량해전이 시작되었습니다. 전세가 불리해진 왜군은 본국으로 도망갈 기회를 엿보고 있었고, 조선 수군은 단 한 명의 왜군도 살려 보낼 생각이 없었습니다.

그러나 전세가 조선 수군에 절대적으로 유리한 것은 아니었습니다. 왜군은 22,000명이 넘는 병사와 350척의 전함을 가지고 있었지만, 조선군은 6,000명의 수군과 60척의 판옥선이 전부였지요. 게다가 자정이 지난 한밤중의 바다는 적의 위치뿐만 아니라 아군의 위치를 파악하기도 쉽지 않았습니다. 이순신 장군은 이때를 대비해 숨겨 두었던 첨단 장비를 쓰기로 결심했습니다. 이순신 장군은 대장선으로 부하 장수들을 불러 모았습니다.

"잠시 후 우리 수군이 먼저 고니시 유키나가의 군대가 숨어 있는 순천 왜성을 공격하면, 창선도에 있는 시마즈 요시히로의 군대가 고니시군을 도우러 노량해협을 지나 순천으로 올 것이다. 이때 우리 수군이 노량해협 입구에 매복해 있다가 시마즈군을 기습할 것이다!"

이순신 장군이 이어 말했습니다.

"밤이 깊어 주변을 파악하기 어려울 것이다. 정해진 위치에 정확히 매복해 적들이 눈치채지 못하도록 해야 하느니라. 이에 그동안 쓰지 않았던 비밀 장비를 지급할 테니 한 치의 차질 없이 작전을 수행토록 하라!"

이순신 장군은 대장선 안 깊숙한 곳에 숨겨 두었던 나무함의 자물쇠를 열고 얇고 네모난 장비를 꺼내 장수들에게 나눠주었습니다. 가로 한 자, 세로 여덟 치, 두께 한 치(약 30㎝×24㎝×3㎝)인 장비의 위에는 한자로 '지피애수(知皮愛手: 지표면의 위치를 알려주는 유용한 수단)'라고 적혀 있었습니다.

— ○ —

지피애수, 그 신묘한 물건!

GPS를 우리말로 하면 위성항법시스템! 이건 위성에서 발사하는 전파를 받아 지구 위에 있는 사람이나 물체가 자신의 정확한 위치를 알 수 있는 시스템이야. GPS는 위성 신호를 수신할 수 있는 곳이면 지구 어디서나 시간과 관계없이 모든 사람이 이용할 수 있지. 등산하던 중 깊은 산 속에서 길을 잃었다고 하더라도 GPS 수신기를 가지고 있다면 나의 위도와 경도, 고도를 불과 수 미터의 오차 내로 정확히 알 수 있지. 또 노량 해전의 예처럼 깜깜한 밤에도 정확한 정보를 제공받을 수 있어. 우리가 매일 사용하는 휴대전화에도 GPS 신호를 수신할 수 있는 장치가 들어 있어서 내가 지금 어디에 있는지 정확히 알 수 있지.

한편, 위성항법시스템은 GPS가 아니라 정확히는 GNS-S(Global Navigation Satellite System)라고 해. 그러면 GPS는 뭘까? GPS는 GNSS의 한 종류로 미국에서 운용하고 있는 위성항법시스템이야. 현재 미국뿐만 아니라 러시아, 유럽연합, 중국도 자체적으로 인공위성을 띄워 전지구적인 위성항법시스템을 운용하고 있지. 미국의 위성항법시스템을 GPS라고 하듯이 러시아는 GLONASS(글로나스), 유럽연합은 Galileo(갈릴레오), 중국은 BeiDou(베이더우)라고 해. UN에서는 GPS를 포함하여 이들 모두를 GNSS로 부르고 있어.

GPS, 나사랑 무슨 연관성이?

1957년 10월 4일 밤, 우주개발 역사에서 미국이 충격을 받은 사건이 벌어졌어. 미국보다 뒤처졌다고 여겨지던 소련이 세계 최초의 인공위성 스푸트니크 1호를 먼저 쏘아 올린 거야. 스푸트니크는 약 시속 28,000킬로미터 속도로 96분마다 지구를 돌며 '삐삐' 하는 전파 신호를 지구로 보냈지.

그런데 이 단순한 신호가 놀라운 기술의 씨앗이 되었어. 존스 홉킨스 대학 응용물리연구소의 과학자 조지 바이펜바흐(George Weiffenbach)와 윌리엄 가이어(William Guier)는 스푸트니크 신호의 도플러 효과(구급차 사이렌이 가까이 올 때는 높게, 멀어질 때는 낮게 들리는 현상)에 주목했어. 인공위성이 다가올 때와 멀어질 때 신호 주파수가 달라지는 걸 분석해 위성의 속도와 궤도를 계산했던 거야. 나아가 이 원리를 '역으로' 적용하면, 여러 위성에서 보내는 신호를 받아 지구상의 현재 위치를 알아낼 수 있다는 아이디어도 나왔어. 이것이 위성 항법시스템, 즉 GPS의 토대가 되었지.

1970년대 미국 국방부는 군사용으로 안정적인 위성항법시스템 개발에 본격적으로 나섰고, 1978년 첫 번째 GPS 위성인 NAVSTAR 1호를 발사했어. 초기 GPS는 잠수함이나 미사일의 정확한 위치 파악 같은 군사적 목적에만 쓰였어. 하지만 1983년 대한항공 007편이 소련 전투기에 의해 격추되는 비극적인 사건 이후 미국 정부는 GPS를 민간에도 점차 개방하기로 했고, 지금은 누구나 자유롭게 사용할 수 있게 되었지.

GPS가 지금처럼 정밀해진 데에는 나사의 기술 개발과 투자가 큰 역할을 했어. 예를 들어 나사는 1960년대부터 먼 우주의 퀘이사(태양 밝기의 수백 배 이상인 천체)를 관측하기 위해 여러 대의 전파망원경을 연결하는 기술을 개발했어. 한 대의 망원경으로 관측하기보다 여러 대를 묶어 하나의 망원경처럼 사용하면 그만큼 망원경의 구경이 커져서 더 자세히 관측할 수 있기 때문이야. 이때 각 망원경의 위치에 따라 퀘이사에서 온 전파가 도달하는 시간의 차이가 생기고 이 시간차를 계산하면 망원경 사이의 거리를 측정할 수 있었지. 이렇게 망원경 위치를 정확히 알아내는 방법이 다듬어졌고, 이는 GPS 정밀도를 높이는 데 쓰였어. 비록 GPS 자체는 국방부가 만든 시스템이지만, 나사의 연구는 그 활용 범위를 넓히고 기술을 더 발전시키는 데 중요한 기여를 했고, 지금까지도 우리의 생활에 큰 도움을 주고 있지.

내 위치를 어떻게 알지? GPS 작동 원리

GPS는 한마디로 "나는 지금 어디에 있지?"라는 질문에 답해주는 시스템이야. 그런데 내가 어디 있는지 위치를 알아내려면 어떤 기준점이 필요해. 그다음 기준점에서 내가 있는 곳까지의 거리를 알아야 나의 위치를 알 수 있어.

잘 이해가 안 될 거야. 예를 들어보면 이런 거지. 깜깜한 밤, 불이 모두 꺼진 학교 안에 내가 숨어 있다고 해. 그런데 운동장 한가운데 있는 누군가가 큰 소리로 외쳐. "지금은 12시 정각! 나는 운동장 한가운데 있어!"

내가 그 소리를 딱 들었을 때 시계를 보니 12시 1초였다면, 소리는 1초 동안 날아온 거야. 소리 속도가 1초에 340미터니까, 나는 운동장 중심에서 340미터 떨어진 곳에 있다는 걸 알 수 있겠지?

그런데 340미터 떨어진 지점을 하나하나 찍어보면 원 모양이 돼. 다들 잘 알겠지만, 기준점으로부터 같은 거리에 있는 점의 모양을 이으면 원이 되니까. 대략 어딘지는 알겠는데 더 확실히 알려면 다른 기준점의 정보도 필요한 거지. 우리가 사는 세상은 3차원이니까, 최소 세 개의 기준점이 있어야 정확한 위치가 결정되겠지?

GPS도 같은 원리야. 다만 여기서는 소리 대신 빛의 속도로 날아가는 전파를 쓰는 것뿐. 지구 위 약 20,000킬로미터 상공에서 GPS 위성이 전파를 쏘아 보내는데, 그 전파에는 "내 위치는 어디, 지금 시각은 몇 시"라는 정보가 담겨 있어. 수신기(내 휴대전화 같은 기계)는 이 신호가 도착한 시간을 측정해서 위성과의 거리를 계산해. 예를 들어 전파가 0.1초 만에 도착했다면, 나는 위성에서 30,000킬로미터 떨어진 곳에 있는 거야. 여러 위성에서 이런 정보를 받으면 내 위치가 특정되지. 여기서 아주 중요한 게 바로 시간인데, 전파는 1초에 300,000킬로미터를 달리니까, 시계가 0.001초만 틀려도 300킬로미터나 오차가 생겨버려. 서울에 있는데 GPS가 울산에 있다고 알려주는 셈이지. 그래서 GPS 위성에는 초정밀 원자시계가 실려 있어. 이 시계는 3천만 년에 1초밖에 틀리지 않을 만큼 정확해.

하지만 여기서 끝이 아니야. 상대성이론 때문에 GPS 위

3부 | 전략, 전술을 바꾼 나사의 기술

성의 시계는 그냥 두면 지상의 시계와 조금 다르게 흘러. 위성은 빠른 속도로 움직이고(특수상대성 효과), 지구보다 중력이 약한 곳에 있기 때문에(일반상대성 효과), 결과적으로 지상 시계보다 하루에 약 0.000038초 더 빠르게 가지. 아주 미세한 차이처럼 보이지만 이 정도 차이만으로도 측정에 11킬로미터나 오차가 생겨버리거든. 그래서 아예 위성의 시계를 일부러 느리게 맞춰놓아야 해.

그럼에도 또 한 가지 문제가 남아. 위성에 있는 시계는 원자시계라서 정확하지만, 내 휴대전화 속 시계는 그렇지 않다는 거야. 만약 수신기 시계가 틀리면 계산이 다 망가지겠지? 그래서 이번엔 시간까지 맞춰야 하니까 최소 네 개의 위성에서 신호를 받아. 그중 하나는 수신기 시계를 보정하는 데 사용하는 거지. 그래서 GPS가 제대로 작동하려면 네 개 이상의 위성이 필요해. 실제로 자동차 내비게이션은 보통 일곱 개 이상의 위성 신호를 동시에 이용하지.

이 과정을 거치면 일반 GPS는 약 ±5미터 오차로 위치를 알려줄 수 있어. 군사용 GPS는 훨씬 정밀해서 오차가 30센티미터 이내인데, 이는 휴대전화을 오른손에서 왼손으로 옮겨도 잡아낼 수 있을 정도지.

현재까지 GPS 위성은 70개 이상 발사되었고, 그중 30여개가 실제로 사용 중이야. 이 위성들은 12시간마다 지구를 한 바퀴 돌면서 계속 신호를 보내고 있지. 덕분에 우리는 언제 어디서든 내가 어디에 있는지를 알 수 있게 된 거야.

#2

지피애수를 이용하여 노량해협 입구에 매복하던 조선 수군은 고니시군을 구하기 위해 좁은 노량해협을 지나온 시마즈군을 막다른 골목인 관음포로 몰았습니다. 조선 수군의 강력한 공격에 왜군은 전멸 직전까지 갔습니다. 겨우 관음포를 빠져나온 소수의 패잔병은 먼바다로 도망가기 시작했습니다. 이때 도망가던 적선에서 발사된 탄환이 북을 치며 추격을 독려하던 이순신 장군의 가슴에 명중했습니다.

"윽!"

이순신 장군은 그 자리에 쓰러지고 말았지요. 장수들은 급히 이순신 장군을 둘러쌌습니다. 적들이 이 사실을 알아채지 못하도록 장군의 첫째 아들 이회와 조카 이완이 계속 기를 흔들고 북을 쳤습니다. 장수들이 울부짖으며 이순신 장군을 부르자 쓰러졌던 이순신 장군이 이내 의식을 회복하고 주변을 둘러보며 말했습니다.

"적들은 어찌 되었느냐?"

"자… 장군! 괜찮으십니까?"

"나는 괜찮으니 어서 적들을 쫓아라!"

이순신 장군은 천천히 몸을 일으켜 세우고 북채를 달라고 했습니다. 그리고 조금 전보다 더 크게 북을 치며 적선을 추격하도록 명령했습니다. 그러나 이순신 장군이 잠시 쓰러진 틈을 타 고니시와 시마즈가 탄 배는 이미 먼바다로 도망간 뒤였지요.

"고니시와 시마즈가 미꾸라지처럼 빠져나가 버렸네요. 그나저나 장군, 총탄을 맞고 어찌 그리도 멀쩡하십니까?"

부하가 묻자, 이순신 장군이 갑옷의 단추를 풀어헤치며 말했습니다.

"내 이럴 줄 알고 미리 쾌불라(快不羅: 착용감이 쾌적하고 총알에 뚫리지 않는 비단)로 만든 내피를 입고 왔느니라."

"쾌불라가 무엇이옵니까?"

"미리견(미국)의 나사에서 사용하는 옷감인데, 솜털처럼 가볍지만, 총탄이나 화살도 뚫을 수 없을 정도로 질기니라. 허허허!"

노량해전에서 13,000명 이상의 왜군이 죽고, 200여 척의 적선이 침몰했습니다. 이로써 우리 백성 100만 명의 목숨을 빼앗고 전 국토를 황폐화했던 왜군을 이 땅에서 완전히 몰아낼 수 있었습니다. 7년 만에 조선의 땅과 바다가 다시 맑아졌지요. 다 쾌불라와 지피애수 덕분이었습니다.

— ○ —

이순신과 조선을 살린 케블라는 뭘까?

케블라(Kevlar)는 합성 섬유의 일종이야. 합성 섬유는 석유 등 다양한 화학물질을 원료로, 인공적으로 만든 섬유를 말해. 우리가 흔히 접할 수 있는 대표적인 합성 섬유는 폴리에스터인데, 교복 안쪽에 있는 품질표시를 보면 대부분 폴리에스터가 포함되어 있지. 수많은 합성 섬유 중 케블라는 석유에서 추출한 물질을 원료로 해.

케블라는 1965년 미국의 화학 회사인 듀폰(DuPont)사의 연구원 스테파니 쿠올렉(Stephanie L. Kwolek)이 개발했어. 케블라의 무게는 플라스틱 정도로 가볍지만 두 가지 반전이 있어. 그중 하나는 엄청나게 강하다는 거야. 다른 합성 섬유와는 비교할 수 없을 정도의 강도를 가지고 있지. 강철보다도 5배 이상 강하고, 질긴 합성 섬유의 대명사라 할 수 있는 나일론보다도 36배나 강하니 말 안 해도 알겠지? 예를 들어 1미터의 나일론은 두 사람이 잡아당겨야 끊긴다고 하면 케블라는 양쪽에서 72명이 잡아당겨야 끊어진다는 거지(한 사람이 내는 힘의 세기가 일정하다는 가정 하에서). 게다가 나일론은 일반 가위로 자를 수 있지만 케블라는 잘리지 않아.

두 번째 특징은 온도 변화에도 강하다는 거야. 케블라를 녹이기 위해서는 500도 이상의 열이 필요하고, 영하 196도에서도 원래의 강도를 잃지 않아. 이렇게만 보면 우주에 더없이 적합할 것 같은 이상적인 섬유 같지만, 단점도 분명히 있어. 케블라는 자외선에 오래 노출되면 분해되고, 물에 약해서 습한 환경에서 수명이 단축되거든. 그래서 노량해전과 같이 물의 접촉을 피할 수 없는 곳이라면 케블라 표면에 방수 처리는 필수겠지?

우주 쓰레기를 피하기 위해서

그럼 이렇게 강하고 온도 변화에도 강한 케블라는 어떻게 탄생했을까? 그보다 왜 나사에선 이 섬유에 주목했을까? 우주는 여러 가지로 극한의 환경인데, 이미 앞서 언급한 엄청난 온도차 말고도 우주비행사들에게 치명적인 게 하나 있었어. 바로 우주 쓰레기야. 우주에는 대략 5~6만 개의 우주 쓰레기가 지구 주위를 돌고 있대. 아무 생각 없이 우주에 갔다가 총알 속도의 수십 배에 가까운 속도로 우주 쓰레기가 내 눈앞을 스치고 지나갈 수 있어(너무 빨라서 보이지도 않을 거야). 자칫 스치기라도 하면 크게 다칠 수 있겠지? 그래서 나사는 우주비행사가 우주 유영을 할 때나 로켓을 발사할 때 이런 우주 환경을 충분히 고려해야 했어.

일찍부터 나사는 이런 문제를 해결하기 위해 여러 방법을 연구해 왔어. 1970년대와 1980년대에는 알루미늄 소재의 방어막을 우주선 외부에 설치해서 유성체나 빠르게 날아오는 우주 부스러기로부터 우주선을 보호했지. 하지만 1990년대 국제우주정거장의 건설이 완료되고 상시로 우주인이 우주정거장에 머물게 되면서 점점 증가하는 우주 쓰레기를 막을 효과적인 방어막이 필요했지.

Tip 우주 쓰레기는 왜 생겨날까?

우주 쓰레기는 지구 궤도 등 우주 공간에 떠다니는 인공적인 모든 물체로, 로켓 부스터, 수명이 끝난 인공위성, 페인트 조각, 누출된 냉각재, 위성 요격 무기 잔해 등 다양한 종류가 있다. 우주 쓰레기는 인공 위성과의 충돌 사고뿐 아니라 지상에 추락 피해를 입힌 사례도 있어서 다양한 제거 기술이 연구, 개발되고 있다.

나사는 알루미늄을 대신할 새로운 방어막 개발 과정에서 케블라의 강도에 주목했고, 새로운 방어막의 소재로 사용하기 시작했어. 새로운 방어막은 세라믹 섬유-케블라-알루미늄판으로 구성되어 있는데, 케블라는 세라믹 섬유와 알루미늄판 사이에서 빠르게 날아오는 우주 쓰레기를 막아내는 역할을 해. 나사가 지름 1cm의 알루미늄 구슬을 시속 23,000km(총알 속도의 약 6배!)로 방어막에 쏘는 실험을 했는데, 케블라에 2cm 정도의 구멍이 났지만 가장 뒤에 있는 알루미늄판(두께 5mm)은 한 번도 뚫리지 않았어.

이렇게 우주 탐사에서 성능을 입증한 케블라는 이후 지구에서도 다양한 분야에 쓰이고 있어. 군인과 소방관의 방호 장

알루미늄판을 지켜낸 케블라　　　　　　　　　　　　　　　　　　ⓒNASA

비부터 펜싱 재킷, 스피드 스케이팅 슈트 같은 스포츠 보호구, 그리고 양궁 활줄이나 자전거 타이어처럼 경기력을 높이는 장비에도 활용되지. 또 스피커 진동막, 광섬유 보호 튜브, 자동차 브레이크 패드, 현수교 케이블 등 산업 전반에서도 중요한 소재로 자리 잡았어.

과학
톡톡

분자구조, 케블라 강한 힘의 비밀!

세상에 존재하는 모든 물질은 원자로 이루어져 있어. 원자는 중심에 양전하를 띤 원자핵이 있고, 그 주위에 음전하를 띤 전자가 있지. 서로 다른 전하 사이에는 강한 끌어당김이 작용하는데, 이걸 전기력이라고 해. 전기력은 같은 조건에서 만유인력보다 약 10^{39}배(수소 원자 내의 원자핵과 전자 사이에 작용하는 두 힘 비교) 강해서, 원자들이 단단히 결합하고 또 원자들이 모여 분자가 될 수 있게 해주는 힘이야.

나일론과 케블라도 이렇게 만들어진 '고분자(poly-) 화합물'이야. 고분자는 같은 기본 구조(단위체)가 반복적으로 이어진 긴 사슬 모양의 분자를 말하지. 두 물질은 모두 탄소(C), 수소(H), 질소(N), 산소(O) 원자로 이루어져 있지만, 단위체 구조에는 중요한 차이가 있어.

하나, 나일론과 케블라의 결합 차이

나일론과 케블라의 단위체를 비교해 보면, 케블라의 단위체에는 나일론과 달리 육각형 모양의 고리가 보여. 이 고리를 벤젠고리라고 해. 벤젠고리는 케블라가 나일론보다 강한 구조를 유지할 수 있는 원인 중 하나지. 나일론의 기본 뼈대는 탄소와 이웃한 탄소가 하나의 선으로 연결되어 있어. 이를 단일 결합이라고 해. 반면 케블라의 벤젠고리는 단일 결합과 이중 결합(두 개의 선)이 3개씩 번갈아 있어서 평균 1.5 결합이라고 볼 수 있지. 결합력의 크기는 당연히 결합수와 비례하기 때문에 케블라의 강도가 나일론보다 높아지는 거야. 친구와 내가 한 손을 잡고 있을 때보다 두 손을 맞잡고 있으면 떼어내기 어려운 것처럼 말이야.

둘, 사슬 모양의 차이

게다가 나일론 단위체는 꺾인 모양의 사슬이라 분자들이 쌓일 때 느슨해지기 쉬워. 이에 반해 케블라는 견고한 벤젠고리를 중심으로 질소 원자와 탄소 원자가 대칭적으로 연결된 곧은 막대 모양의 사슬이야. 막대 모양의 물체를 차곡차곡 쌓으면 안정적이듯이, 케블라 사슬도 훨씬 조밀하게 배열될 수 있지.

셋, 사슬 사이의 추가 결합

조밀하게 쌓인 케블라 사슬 사이에는 벤젠고리끼리 서로 끌어당기는 힘이 작용해. 여기에 질소와 수소, 산소가 포함된 부분에서는 수소 결합까지 형성돼. 이런 힘들이 더해져 케블라가 매우 단단하고 잘 끊어지지 않는 구조를 만들게된 거야.

나일론 (나일론6)

$-CH_2-CH_2-C-NH-CH_2-CH_2-CH_2-$
                   $\parallel$
                    O

케블라

9장

한석봉에게
야간투시경이
있었다면

"나는 떡을 썰 테니 너는 글씨를 쓰거라."

3년 만에 집에 돌아온 석봉에게 어머니는 반가운 기색도 없이 단호하게 말했습니다.

"어머니, 소자 글씨 공부를 정말 열심히 하였습니다. 여기 제 글씨를 보셔요. 스님께서도 천하 명필이니 이만 하산해도 좋다고 하셨습니다."

석봉이 말하자 어머니는 여전히 냉정하게 답했습니다.

"10년이 되려면 아직 멀었는데, 어찌 벌써 왔느냐. 네가 얼마나 글씨를 잘 쓰는지 확인해 보자꾸나. 나는 떡을 썰 테니 너는 어서 글씨를 쓰거라."

어머니는 석봉이 글을 쓸 준비를 마치자 떡을 썰 준비를 하고 호롱불을 껐습니다. 고요한 밤 떡 써는 소리만 가만히 들렸습니다. 얼마 후 불을 켜고 보니 석봉의 글씨는 삐

뚫어져 있었지만, 어머니가 썰어놓은 떡의 크기는 똑같았지요. 이를 본 어머니가 말했습니다.

"자신 있다던 너의 글씨를 보거라. 이래도 글씨 공부가 충분하다고 생각되느냐?"

"어머니, 어두운 곳에서 글씨를 쓰는 것은 떡을 써는 것보다 어렵습니다. 한 번 더 기회를 주시면… 이번에는 잘 써보겠습니다."

석봉은 자신이 한 번 더 기회를 얻는다 해도 나아질 방도가 없음을 알고 있었습니다. 하지만 석봉은 문득, 얼마 전 겪은 기이한 인연을 떠올렸습니다.

석봉이 글씨 공부를 하던 절 근처의 박연폭포에는 승천하지 못한 이무기가 살고 있었는데 글씨 연습을 하던 석봉의 먹물 때문에 연못이 탁해져 이무기가 승천하지 못하고 있었습니다. 다급해진 이무기가 석봉을 찾아와 어떤 물건을 건네며 글씨 연습을 멈추어달라고 했었습니다. 도깨비불이 들어 있어 밤에도 낮처럼 환하게 볼 수 있다는 물건이었지요. 그 물건을 받은 석봉이 글씨 연습을 멈추자 이무기는 용이 되어 승천하였습니다.

잠시 옛생각에 빠져 있던 석봉에게 어머니가 물었습니다.

"얘, 무슨 생각을 그리 골똘히 하느냐? 한 번 더 한다고

결과가 달라지겠느냐?"

그러자 석봉이 이번엔 자신 있게 답했습니다.

"예, 어머니. 제 솜씨를 이번엔 보여드릴 테니 한 번 더
불을 꺼주세요."

어머니가 불을 끄고 떡을 썰기 시작하자 석봉은 이무기
에게 받은 물건을 조용히 꺼냈습니다. 물건을 쓰고 나니
방안이 환하게 보여 솜씨를 유감없이 발휘할 수 있었습니
다. 글쓰기를 마친 석봉은 진귀한 물건을 다시 감추었습니
다. 불을 켜고 석봉의 글씨를 확인한 어머니는 깜짝 놀라
말했습니다.

"정녕 천하 명필이구나, 내 아들아!"

—○—

밤에도 환하게, 야간투시경

석봉이 이무기에게 받은 진귀한 물건은 바로 '야간투시경'이었어. 햇빛이 없는 캄캄한 밤에도 주위를 볼 수 있게 해주는 장치이지.

우리가 사물을 볼 수 있는 건 '광원'에서 나온 빛이 있기 때문이야. 광원에서 나온 빛이 물체에 반사되고, 우리는 반사된 빛을 보고 물체가 있음을 인지하는 거지. 광원이 없다면 물체가 있어도 있는지 알 수가 없어.

그런데 여기서 중요한 사실 하나! 모든 물체는 절대온도 0K(-273도) 이상이면 스스로 전자기파를 방출한다는 거야. 전자기파는 우리가 알고 있는 '빛'의 넓은 개념인데, 그중 일부만 인간의 눈에 보이고, 우리는 그걸 '가시광선'이라고 하지.

태양처럼 수천 도에 달하는 고온의 천체나, 빨갛게 달궈진 쇠붙이는 눈에 보이는 빛을 낼 수 있지만 36.5도의 사람 체온에서는 눈에 보이는 빛이 나오지 않아. 대신 적외선이라 불리는, 눈에 보이지 않는 파장의 전자기파가 방출돼.

야간투시경은 바로 이 적외선을 잡아내는 장치야. 사람이나 동물의 몸, 심지어 낮은 온도의 물체도 적외선을 내뿜기 때문에, 야간투시경은 그것을 감지해서 사람이 볼 수 있는 영상으로 바꿔주는 거지. 사실 초기의 야간투시경은 크기가 크고 냉각장치까지 필요한 불편한 장비였지만, 기술이 발전하면서 점점 소형화되고 성능도 좋아졌어. 이 발전에는 나사도 큰 몫을 했지. 나사는 군사용 야간투시경을 직접 만든 것은 아니지만, 천문 관측과 우주 탐사를 위해 어두운 곳에서도 미세한 빛을 감지할 수 있는 센서, 적외선 기술, 이미지 증강 기술을 개발했거든.

우주 망원경 프로젝트에서 디지털 카메라까지

나사는 1980년대부터 '우주 망원경 프로젝트(Great Observatories Program)'를 시작했어. 이름처럼 '위대한 망원경' 4대를 우주에 띄우겠다는 계획이었는데, 허블 망원경(가시광선·자외선), 컴프턴 감마선 관측소(감마선), 찬드라 X선 망원경(X선), 스피처 적외선 망원경(적외선)이 그 주인공이야.

우주에는 가시광선뿐 아니라 적외선, 자외선, X선 등 다양한 파장의 전자기파가 존재하지만, 지상의 망원경은 '대기'라는 방해막 때문에 가시광선과 전파 외에는 관측하기가 어려웠어. 게다가 지구에서는 낮과 밤, 날씨에 따라 관측 시간이 제한되니, 결국 우주 망원경이 필요했던 거지.

이 프로젝트의 목표는 "우주를 다양한 빛으로 보겠다"였어. 하지만 우주 공간의 빛은 워낙 미약해서, 이를 감지하려면 극도로 민감한 센서가 필요했어. 그래서 나사는 초미세 전자 신호를 잡아내는 광전관, 전하결합소자(CCD), 적외선 검출기 같은 기술을 발전시켰지. 원래는 천체 관측을 위해 만든 장치였지만, 나중에는 지상으로 내려와 디지털 카메라, 의료 영상 장치, 그리고 야간투시경 같은 장비로 이어졌어.

결국 우주 망원경 프로젝트는 우주를 보겠다는 과학적 동기, 야간투시경은 어두운 밤에도 보겠다는 실용적 동기에서 출발했지만, 두 기술은 '보이지 않는 빛을 잡아내는 공통의 기술적 토대'로 이어져 있는 거야.

과학
톡톡

우주 망원경 프로젝트에 포함된 위대한 망원경에 대해 알아볼까?

4대의 위대한 망원경

❶ **허블 우주 망원경**(Hubble Space Telescope, HST)은 1990년에 발사되어 현재도 가동중이다. 허블 망원경의 관측 범위는 자외선, 가시광선, 근적외선 영역인데 지구 대기의 왜곡 없이 고해상도 이미지를 포착한다. 수많은 영감을 주는 허블 망원경의 우주 관측 사진 덕분에 나사는 오랫동안 사람들의 지지를 받으며 우주개발을 이어갈 수 있었다.

❷ **컴프턴 감마선 관측소**(Compton Gamma Ray Observatory, CGRO)는 1년 뒤인 1991년 아틀란티스호에 탑재되어 발사되었다. 주로 감마선을 관측했으며, 3개의 자이로스코프 중 하나가 고장나자 안전상의 이유로 임무 종료를 결정하였다. 2000년 어느 날 계획한 대로 대기권에 재진입

하여 태평양에 낙하하였다.

❸ **찬드라 X선 관측소**(Chandra X-ray Observatory)는 1999년 콜롬비아호에 탑재되어 고지구궤도로 발사되었으며 현재도 활발하게 운영되고 있다. 주요 관측 범위는 X선 영역으로 초신성 잔해 연구에 필수적인 고해상도 X선 이미지를 제공한다.

❹ **스피처 우주 망원경**(Spitzer Space Telescope)은 2003년 델타 로켓에 실려 발사되었으며, 야간투시경과 같이 적외선 영역대를 관측한다. 다만 대부분의 야간투시경은 가시광선인 빨간색과 가까운 근적외선 영역을, 스피처 우주 망원경은 주로 중적외선과 원적외선을 관측한다. 하지만 2009년 액체 헬륨 냉각수가 고갈되어 기능이 저하되었고, 2020년 임무가 공식 종료되었다.

2021년에는 제임스웹 우주 망원경이 발사되어 우주 관측에 기여하고 있다. 제임스웹 우주 망원경은 허블 망원경의 후속이자 심우주 초기 은하, 별 형성, 외계행성 대기 등을 관측하는 용도로 사용된다.

#2

야간투시경으로 불빛 없이도 밤낮으로 글씨 연습을 할 수 있던 한석봉은 명종 22년(1567년)에 과거시험에 합격하여 사자관(공문서의 글씨를 깨끗하게 정리하는 직책)이 되었습니다. 하급관리임에도 글씨 솜씨만은 명나라에 알려질 정도로 뛰어나서 명나라의 사신을 접대할 때는 항상 동원되었지요. 어느 날 명나라의 사신이 조선의 관리들과 글을 나누고 연회를 즐기며 말했습니다.

"여기 100개의 글자가 있습니다. 조선에 글재주가 뛰어난 사람이 많다고 들었는데, 이 글자로 운을 맞춰서 하룻밤 안에 시를 써볼 수 있겠습니까?"

사신을 맞이하기 위해 모여 있던 조선의 관리들은 당황하며 웅성거렸습니다. 혼자서는 하룻밤 안에 글을 쓸 엄두가 나지 않았고, 여러 명이 나눠 쓰자니 글의 앞뒤가 맞지

앓을 것 같아 걱정되었던 것이지요. 관리들이 당황하는 모습을 보이자 사신은 크게 만족하며 숙소로 돌아갔습니다. 그때 개성의 문인, 차천로가 나서며 말했다.

"내게 세 가지만 준비해 주면 시 한 편 뚝딱 지어 명나라 사신의 코를 납작하게 해주겠소."

관료들이 물었습니다.

"필요하다는 세 가지가 무엇이오?"

"글을 쓸 병풍과 시가 술술 나올 수 있게 술 한 동이, 그리고 시를 받아써 줄 한석봉이오."

준비가 끝나자 차천로는 술을 마시며 즉석에서 시를 읊기 시작했고, 한석봉은 일필휘지(一筆揮之)로 받아 적었는데 그 광경이 참으로 장관이었습니다.

새벽이 되어 추위가 몰려왔음에도 술기운이 올라온 차천로는 추위도 잊은 채 거침없이 시를 읊어댔습니다. 하지만 한석봉은 더 이상 글을 쓸 수 없을 정도로 추워져 정신이 몽롱해지고 있었지요.

"으으… 더 이상은…"

그때 한석봉의 눈에 반짝이는 물체가 보였고, 그 물체를 당겨 덮어쓰자 추위가 거짓말처럼 사라졌습니다. 그 물건이 무엇인지 어디에서 왔는지 영문을 몰랐지만, 몸이 따뜻해진 한석봉은 시 쓰기를 마무리할 수 있었습니다.

　다음날 관료들이 방에 들어가 보니 차천로는 술을 다 비워 고주망태가 되어 곯아떨어져 있고, 한석봉은 눈이 부시게 은빛으로 반짝이는 담요를 덮고 편안하게 잠들어 있었습니다. 차천로와 한석봉 곁에는 두 사람이 완성한 시가 병풍에 꽉 채워져 있었습니다. 시와 글씨에 반한 관료들은 은빛 담요에 대한 궁금함도 잊어버리고 병풍을 들고 사신에게 찾아갔습니다. 사신이 병풍을 받아 읽어보는데 시와 글씨 모두 너무 뛰어나 감탄한 나머지 쥐고 있던 부채를 부러뜨리고 말았습니다.

— ○ —

우주에서도 따뜻하게, 우주 담요

한석봉이 급하게 덮어쓴 반짝이는 물체는 우주 담요야. 우주 담요는 열 보호 기능을 가진 특수한 얇은 시트로, 나사가 우주 탐사 프로그램을 위해 개발했지.

　추운 겨울 아무런 대비 없이 밖에 나가면 어떻게 될까? 사람은 체온을 일정하게 유지하는 정온동물이라 체온을 유지하기 위해 애쓰겠지만 빠져나가는 열이 너무 많으면 저체온증에 걸리거나 동상을 입게 돼. 하물며 우주는 극저온 환경으로 보온 대책이 없으면 체온이 급격히 떨어져 생명이 위험해질 거야. 그러다 낮이 되어 태양빛을 직접 받는다면? 대기라는 보호막이 없는 우주에서는 지구와는 비교할 수 없을 정도로 뜨거워져. 내부의 열을 빠져나가지 않게 보호하고, 외부의 열을 차단하는 방법은 찾는 것은 우주비행사의 생존을 위해서는 반드시 해결해야 할 과제였지. 그래서 나사는 열을 효율적으로 제어할 수 있는 신소재를 개발했고, 그 결과물 중 하나가 바로 '우주 담요'야. 이 기술은 이후 아폴로 11호(1969년) 달 착륙선에서는 극한 온도 변화를 보호하기 위해 단열재로 사용되며 본격적으로 대중의 관심을 받게 되었어.

우주 담요가 바꾼 일상생활

우주 담요는 가벼워서 가지고 다니기 좋아. 보온이 잘 되어도 갑옷처럼 무겁다면 상용화되기 어려웠겠지만 우주 담요는 매우 얇고 가벼워서 비상 상황을 대비해 항상 가방에 넣고 다니기에 부담이 없어.

또한 우주 담요의 방수 기능도 뛰어나. 추운 겨울 따뜻하려고 코트를 입었는데 눈이 내린다면 코트가 젖어 난감하겠지? 우주 담요는 물에 젖지 않아 이러한 상황에서도 유용하게 사용할 수 있어. 이러한 특성들로 인해 우주 담요는 현재 다양한 분야에서 활용되고 있어. 응급 구조 상황에서는 저체온증 예방에 효과적으로 사용되고 있고, 사고 현장이나 재난 지역에서 피해자의 체온을 유지하는 데 중요한 역할을 해.

실제로 마라톤 등 지구력을 요하는 운동 종목의 선수들이 경기가 끝난 후에 사용하는 모습을 쉽게 볼 수 있어. 요즘은 응급 구조대원들이나 미국 군대에서도 우주 담요와 비슷한 '부상자 담요'로도 활용하니 말이야.

열을 반사한다! 열복사율

우주는 공기가 거의 없는 진공 상태라, 열이 오직 '복사'를 통해서만 이동해. 복사란 물체가 가지고 있는 에너지를 빛의 형태, 특히 적외선으로 내보내는 현상이야. 예를 들어, 태양이 우리에게 빛과 함께 열을 전달하는 것도 복사 때문이지. 이때 복사열을 얼마나 잘 내보내거나 흡수하는지를 나타내는 값이 바로 '열복사율'이야. 열복사율이 높을수록 열을 잘 내보내고 잘 흡수하지만, 낮을수록 열을 거의 반사해. 우주 담요는 바로 이 원리를 활용하는 거야. 표면에 얇은 알루미늄층을 입힌 '마일러' 필름으로 만들어진 이 담요는, 알루미늄의 열복사율이 매우 낮기 때문에(약 0.03~0.05) 복사열의 98퍼센트를 반사해. 덕분에 몸에서 빠져나가려는 열을 되돌려주고, 반대로 외부에서 들어오는 강한 복사열은 튕겨내어 과열을 막는 거지. 즉, 우주 담요는 공기를 가둬 단열하는 대신, 빛의 형태로 이동하는 열

자체를 반사해 온도를 지키는 '열의 거울'인 셈이야.

10장

서희가 소손녕과
담판에서 자동번역기를
사용했다면

993년(고려 성종 12년) 5월 거란이 고려를 침략할 계획을 세우고 있다고 여진이 알려왔습니다. 거란은 발해를 멸망시키면서부터 고려와 사이가 멀어졌지요. 942년 거란에서 관계 회복을 위해 사신과 낙타 50마리를 고려에 선물했습니다. 하지만 태조 왕건은 사신들을 섬에 유배 보내고, 낙타는 만부교라는 다리 아래에서 굶겨 죽여버렸습니다. 반면 송나라와는 친하게 지내며 거란을 경계했습니다.

결국 두 나라 사이의 긴장감은 점점 높아졌고, 8월 거란이 고려를 침공할 거라는 소문이 돌았습니다. 이를 들은 고려 조정은 혼란에 빠졌습니다. 거란에 항복하자는 신하들과, 차라리 고려 땅을 거란에 떼어주자고 주장하는 신하들로 나뉘어 논쟁이 벌어졌던 것이지요. 이 논쟁을 듣고 있던 서희가 고려 왕에게 말했습니다.

"전하, 거란에 우리 땅을 내어주자는 주장은 싸워보지도 않고 무릎을 꿇는 것과 같습니다."

하지만 성종은 당장 거란이 대군을 이끌고 쳐들어온다면 막을 방도가 없지 않냐고 되물었습니다.

그러자 서희가 자신만만하게 대답했습니다.

"그동안 저희 병부에서 비밀 정보국을 운영해 왔습니다. 국경에 있는 마을 산간 고개에 감응석을 설치했고, 고공영상 분석 장치를 탑재한 연, 올빼미호를 국경 지역 하늘에 띄웠습니다."

"감응석과 올빼미호? 그것이 당최 무엇이오?"

성종이 묻자, 서희가 답했습니다.

"감응석은 나무와 구리판으로 만든 지능형 감지 장치입니다. 작은 진동이나 소리를 감지해 분석한 후 정보를 입수하지요. 올빼미호는 적외선 감지 장치가 탑재되어 있어 밤에도 물체의 움직임을 감지할 수 있습니다. 거란군의 전진 경로, 병로, 보급로를 파악할 수 있지요."

"그래, 지금까지 수집된 정보가 있소?"

"감응석과 올빼미호에서 보내온 정보를 인공지능 예측 장치로 분석한 결과 거란군 6만 명 정도가 우리나라 쪽으로 이동 중인 것으로 파악됩니다."

서희의 말에 성종이 놀라며 말했습니다.

"항간에는 거란 장수 소손녕이 80만 대군을 이끌고 온다고 하던데?"

"전하, 이는 거란군이 우리를 겁주기 위해 거짓 정보를 흘린 것이옵니다. 우리 정보국에서 분석한 정보를 바탕으로 거란군의 의도를 예측한 뒤, 제가 직접 소손녕을 만나 담판을 짓겠습니다!"

— ○ —

센서, 인간 감각의 한계를 보완하다!

산속을 걷는데 동물이 다가온다면 이 동물의 정체를 눈과 귀로 빠르게 파악해야 하겠지? 옆집 주방에서 음식물이 타는 냄새를 빨리 감지할 수 있다면 심각한 위험을 예방할 수 있고, 컴퓨터 게임을 하는 중에 문밖에서 엄마의 목소리가 들리면 빠른 속도로 컴퓨터를 종료할 수 있지. 이렇듯 인간은 감각기관을 통해 입력된 정보를 분석하고 반응해. 햇빛이 강하게 비추면 동공이 작아지고, 어두운 곳에서는 동공이 커져 망막으로 들어오는 빛의 양을 조절하고, 매운 음식을 먹으면 땀을 흘려 몸의 열을 식히는 것도 모두 감각 반응이지.

그렇지만 사람의 감각기관이 무한능력을 가진 건 아니야. 사람의 눈은 가시광선보다 파장이 짧거나 긴 빛은 볼 수 없거든. 귀도 마찬가지야. 개가 40~60,000Hz(1초에 40~60,000번 진동하는 소리)의 소리를 들을 수 있는 것에 비해 사람은 20~20,000Hz 사이의 소리만 들을 수 있고 말이야(그나마도 50살이 넘으면 들을 수 있는 소리가 10,000Hz 이하로 줄어들지).

하지만 여전히 우리 주변에는 우리가 감지할 수 있는 것보다 훨씬 많은 신호와 정보가 존재하고, 인간은 감각의 한계를 극복하기 위해 인공 감각기관인 '센서'를 만들기 시작했어. 센서라고 하면 왠지 낯설게 느껴지지만 아마 가장 익숙한 센서는 온도계일 거야. 사람이 느끼는 '차갑다, 따뜻하다'라는 감각은 주관적이지만, 온도계는 숫자로 '정확한' 온도를 알려주지. 오늘날 널리 쓰이는 전자 온도 센서는 온도에 따라 전기 저항이 달라지는 성질을 이용하지.

빛을 감지하는 센서도 있어. 19세기 과학자들은 어떤 물질에 빛을 비추면 전기 저항이 변한다는 사실을 발견했는데, 이것이 광센서의 원리가 되었지. 이 원리는 카메라 센서로 발전했어. 지금 우리가 쓰는 스마트폰 카메라 안에는 CMOS 센서라는 작은 눈이 들어 있는데, 이것이 들어오는 빛을 전기 신호로 바꿔 이미지를 만들어내지.

이처럼 온도·빛·소리·화학물질 등을 감지하는 다양한 센서들이 만들어졌고, 사람의 감각을 훨씬 뛰어넘는 능력을 발휘하고 있어. 덕분에 우리는 눈에 보이지 않는 열을 적외선 센서로 감지하고, 극미한 전류나 분자까지도 센서를 통해 읽어낼 수 있게 된 거지.

'센서'는 보고, '스마트 센서'는 판단한다

센서는 주어진 환경에서 온도, 빛, 소리, 움직임 같은 물리적인 정보를 감지해서 숫자나 신호로 바꾸는 장치야. 하지만 이런 센서는 단지 '감지'만 할 뿐, 그 신호가 무슨 의미인지 해석하지 못해. 그에 반해 스마트 센서는 스스로 정보를 분석하고 판단하는 능력을 갖추고 있지. 센서로 들어온 정보를 내장된 마이크로프로세서가 처리하고, 이상 징후가 있으면 스스로 판단해 다른 기계로 전송하거나 경고를 보내는 거야. 그리고 이런 판단은 미리 설정된 기준이나 알고리즘에 따라 자동으로 이루어지지. 예를 들어, 스마트 온도 센서는 단순히 '지금

38도입니다'라고 알려주는 것이 아니라, '이 온도는 위험 수준 이니 냉각 장치를 작동시켜야 합니다'라고 판단하고 작동까지 하는 거야.

이처럼 센서와 스마트 센서의 가장 큰 차이는 '판단의 주체'가 누구냐에 있어. 센서는 사람이 해석해야 하지만, 스마트 센서는 스스로 해석하고 행동하지. 그래서 사람이 직접 접근하기 어렵거나, 즉각적인 반응이 필요한 환경, 예를 들어 우주, 군사, 자율주행 시스템에서는 반드시 스마트 센서가 필요해. '센서는 보고만 하지만, 스마트 센서는 판단하고 움직인다.' 이것이 두 기술의 본질적인 차이인 거야.

우주 승무원을 위한 라이프가드

국제우주정거장에서 근무하는 승무원들은 면역 기능 장애나 피부 발진, 염증성 질환을 자주 겪었대. 그렇지만 지구 상공 약 400킬로미터나 떨어진 곳에 있는 국제우주정거장에서 병원에 가기란 불가능했고, 지구와 같은 의료 시설을 다 갖추기 어려운 상황에서 '원격 진료'는 매우 중요했지. 이를 효과적으로 하기 위해 나사 연구팀은 '라이프가드'라는 개인용 생체 모니터링 장치를 개발했어. 이 시스템은 인체의 여러 가지 신호를 측정하는 센서와 웨어러블 장치, 태블릿 PC로 구성되어 있어. 먼저 웨어러블 기기는 센서에서 측정된 정보를 수집하고 기록해. 이 정보가 태블릿 PC로 전송되어 상황을 관찰하거나 추가 처리를 할 수 있었지. 라이프가드는 심전도, 심박수, 호흡수, 피부 온도, 혈압, 산소포화도까지 한 번에 측정할 수 있어. 게다가 이 데이터를 실시간으로 지구에 보내 의사들이 바로 확인하고 판단할 수 있게 만들었지.

나사 연구원들은 이 기술을 바탕으로 새로운 가능성도 발견했어. 나사의 엔지니어들이 만든 회사 '인텔리센스 테크놀로지스'는 우주에서 사용하던 스마트 센서를 지구 환경에 적용하기 시작했어. 첫 번째 실험 대상은 하와이의 카우아이섬이었어. 이 섬은 전 세계에서 가장 다양한 생물종이 살아 있는 생태계의 보고로 꼽혀. 하지만 이 섬도 안전하지 않았어. 기후 변화로 기온과 강수량이 달라지고, 외래종이 몰래 유입되고, 인간의 발길을 따라 병원균이 도착하기도 했거든. 이러한 변화는 특정 생물의 먹이 사슬을 무너뜨리거나, 알을 낳는 시기를 어긋나게 하고, 병에 취약한 개체를 빠르게 멸종 위기로 몰아넣었어.

그래서 인텔리센스는 섬 곳곳에 스마트 센서 네트워크를 설치했어. 이 센서들은 단순히 온도나 습도만 측정하는 수준을 넘어서, 대기 중의 이산화탄소와 오존 농도, 수질의 화학 성분, 빛의 세기, 토양 속 미생물 분포, 새와 곤충의 이동 패턴, 특정 조류의 울음소리까지 탐지해. 이 데이터들은 따로 보면 의미가 없지만, 센서가 스스로 분석하고 조합하면 '이상 징후'를 읽을 수 있다고 해.

스마트 센서가 시간의 흐름 속에서 일어나는 작고 누적된 변화를 감지하는 데 특화되면서 몇 년 뒤 발견됐을 '멸종'의 징후를 미리 알아차릴 수 있게 된 거야. 그 덕분에 이 섬의 서식지 보전, 외래종 차단, 생태계 복원 같은 구체적인 대응도 가능해졌어. 인간이 개입하지 않는 것처럼 보이지만, 사실은 인간이 만든 기술이 자연을 감시하고 경고하는 체계를 만든 셈이야.

센서로 냄새도 맡을 수 있다고? 전자코의 원리

센서라고 하면 주로 빛이나 소리를 감지하는 정도라고 생각하지만, 냄새를 맡을 수 있는 센서도 있어. 일명 '전자코'라고 해. 전자코는 어떻게 냄새를 맡을까? 우리가 숨을 쉬는 공기 중에는 산소와 질소뿐만 아니라 벤젠이나 포름알데히드와 같은 휘발성 유기화합물도 포함되어 있어. 이 물질들은 화학 공장에서 배출되기도 하고 집안의 가구에서 나오기도 해. 우리 몸에서도 호흡이나 땀, 소변을 배출할 때 휘발성 유기화합물이 발생하기도 하지. 이 물질들은 악취를 풍기거나 암과 같은 질병을 일으키기도 해.

　전자코는 여러 가지 화학 센서가 배열되어 있어서 각 센서가 특정한 기체에 반응하도록 설계되어 있어. 예를 들면 특정 가스에 노출되면 저항이 변하거나 전기 전도도가 변하도록 만들어졌지. 센서 표면에 기체 분자가 붙을 때 발생하는 압력 변화를 전기 신호로 바꿔서 미세한 기체의 질량을 정밀하게 감지하는 센서도 있어. 전자코는 각 센서에서 입력된 아날로그 신호를 디지털 신호로 바꿔서 컴퓨터로 전달해. 컴퓨터는 수집된 데이터를 종류별로 분류해서 지문처럼 고유한 패턴을 만들어. 그리고 인공지능으로 분석해서 어떤 물질인지 구별하는 거야.

전자코는 다양한 분야에 응용되고 있어. 환자가 호흡할 때 나오는 공기를 분석해서 당뇨나 간질환, 폐암 등을 감지해. 과일이나 고기에서도 냄새가 나는 기체가 끊임없이 발생해. 만약 과일이나 고기가 상했다면 발생하는 기체의 종류가 달라지겠지. 전자코는 과일이나 고기에서 나오는 기체를 감지해서 신선도를 측정하고 부패 여부를 판단해. 공항에서 현재 마약이나 폭발물을 탐지하기 위해서 주로 탐지견을 이용하는데, 최근에는 전자코가 이를 대체하는 기술이 연구되고 있대. 아직까지 전자코는 습도나 온도와 같은 환경에 민감하고 학습되지 않은 냄새를 인식하지 못하는 단점을 가지고 있지만, 사람처럼 쉽게 후각이 피로해지지 않고 미세한 농도의 차이도 정밀하게 인식할 수 있어. 머지않아 사람보다 10만 배나 민감한 코를 가졌다는 개코를 뛰어넘는 전자코가 등장할 거야.

#2

993년 10월 결국 거란의 소손녕이 대군을 이끌고 고려를 침공했습니다. 고려군은 봉산군에서 거란군에 맞서 싸웠으나 패하고 말았지요. 게다가 고려군의 선봉장을 포로로 내어주게 되었습니다. 기세를 몰아 소손녕은 얼른 항복하라고 고려 조정을 압박했지만, 서희는 아랑곳하지 않았습니다. 거란군의 항복 요구에 고려 조정이 아무런 답을 않자 거란군은 안융진을 공격했으나 이번에는 고려군이 거란군을 물리쳤습니다. 그러자 거란의 소손녕은 고려에 회담을 요구했습니다. 이에 서희는 혈혈단신으로 거란군의 진영으로 가 소손녕을 만났습니다. 서희가 거란군의 천막 안으로 들어가자, 소손녕이 큰 탁자에 앉아 서희에게 소리쳤습니다.

"나는 큰 나라에서 온 귀인이다. 뜰 아래로 내려가 큰절을 올려라!"

거란의 통역사가 어눌한 고려말로 통역을 시작했습니다.

"나… 큰 나라 사람. 내려가 뜰, 절…"

그러자 서희가 얼굴을 찡그리며 말했습니다.

"무슨 말인지 모르겠소. 모욕인지, 요구인지 구분도 안 되오!"

거란의 통역사가 소손녕에게 서희의 말을 거란어로 통역하자 소손녕 역시 통역사에게 크게 화를 냈습니다.

"대체 무슨 소리냐? 알아들을 수 있게 하라! 너, 고려말을 배운 지 얼마나 되었느냐!"

그러자 거란의 통역사가 난감한 얼굴로 답했습니다. "그게… 만 3개월 되었습니다."

그 말을 들은 소손녕이 머리를 짚고 답답해하고 있을 때, 서희가 개경에서 가지고 온 기계를 탁자 위에 올려놓았습니다. 그는 기계에 붙어 있는 단추를 누르고 말했습니다. "동시통역 시작, 상대 언어는 거란어"

그러자 기계에서 삐- 소리가 나더니 "거란어 동시통역 설정 완료. 이제부터 고려어와 거란어를 동시통역합니다." 라고 말했습니다. 설정을 마친 서희가 소손녕에게 말했습니다.

"이제 편히 말씀하시오. 이 기계가 실시간으로 통역을 해줄 것이오."

서희의 말이 기계에서 거란어로 흘러나오자, 소손녕이 놀란 눈으로 물었습니다. "이게 무슨 기계요? 이 작은 통 안에 사람이 들어 있는 것이오?"

서희는 이건 자동번역기라는 물건으로 나사라는 천문 기관에서 만든 기계라 설명했습니다. 짐짓 놀란 눈치의 소손녕과 서희는 이후 회담을 진행했고, 자동번역기로 기선 제압을 한 서희는 이후 회담에서도 놀라운 기지를 발휘했 습니다. 덕분에 고려는 단 한 명의 고려군도 다치지 않고 거란군을 물러나게 할 수 있었고, 평안북도 일대 280리 영 토(무려 110km로 서울에서 세종시까지의 거리!)까지 얻을 수 있었답니다.

— ○ —

미국-소련을 화해로 이끈 건?

고려를 승리로 이끈 자동번역기! 그런데 이게 나사랑 무슨 연관인지 잘 모르겠지? 이걸 알려면 역사적인 맥락을 간단하게 알면 좋아. 제2차 세계대전 당시 미국과 소련은 같은 편이었어. 미국, 영국, 프랑스 등 연합국은 전쟁을 일으킨 독일, 이탈리아, 일본을 상대로 싸웠지. 연합국의 승리로 전쟁이 끝난 1945년 9월 2일까지도 미국과 소련은 동지였어. 하지만 이후 두 나라는 '자본주의'와 '공산주의'라는 이념 차이를 극복하지 못하고 적대국이 되었지. 둘은 거의 모든 분야에서 경쟁했는데, 특히 우주 탐사에서 엄청난 불꽃을 튀겼지.

1957년 소련이 최초의 인공위성 스푸트니크호를 쏘아 올리며 선두를 달렸지만 1969년 미국이 발사한 아폴로 11호 승무원 닐 암스트롱(Neil Armstrong)과 버즈 올드린(Buzz Aldrin)이 달 표면에 발을 디디며 우주 탐사 경쟁은 미국의 승리로 끝났어. 이후 두 나라의 우주 탐사 경쟁은 다소 누그러져 서로 협력하자는 분위기가 만들어졌지. 이때 화해를 표현하는 의미로 미국의 아폴로 우주선과 소련의 소유스 우주선이 우주 공간에서 만나는 프로젝트가 추진되었어. 그러기 위해서 선행되어야 하는 건 두 나라 우주선이 도킹하기 위한 기술적 문제를 검토하는 거였지.

특히 두 우주선을 연결한 후에 승무원들이 왕래할 수 있는 중간 통로 '에어락'을 만들어야 했는데, 이를 위해 나사는 소련으로부터 소유스 우주선에 관한 문서를 건네받았지. 당연한 얘기겠지만 소련으로부터 받은 문서는 모두 러시아어로 작성되어 있었어. 하지만 제한된 시간 안에 러시아어로 작성된 자료를 모두 영어로 번역할 번역가를 찾는 건 쉽지 않았고, 번역에 오류라도 생기면 우주선 도킹에 큰 문제가 발생할 수 있었지. 그래서 나사는 세계 번역 센터 사장인 피터 토마(Peter Toma) 박사에게 연락한 거야.

우주 협력을 성공시킨 번역 소프트웨어

컴퓨터 언어 번역의 선구자, 토마 박사는 이전에 시스트랜(SYSTRAN)이라는 기본 번역 소프트웨어를 개발했어. 그리고 이를 바탕으로 러시아어-독일어 번역 시스템을 개발했었지. 또 미 공군을 위해 러시아어를 영어로 번역하는 소프트웨어도 개발했어. 이런 전적이 있는 박사에게 나사는 영어와 러시아어를 양방향으로 번역할 수 있는 소프트웨어 개발을 의뢰했지. 러시아어를 영어로 번역하는 건 이미 만들어진 소프트웨어가 있었지만, 문제는 영어를 러시아어로 바꾸는 거였어. 러시아어의 복잡한 문법 때문에 여간 어려운 일이 아니었지. 오죽하면 많은 언어 전문가들이 기계를 이용해 영어를 러시아어로 번역하는 건 불가능할 거라 예측했으니 말이야. 하지만 토마 박사는 모두의 예상을 뒤엎고 양방향 번역 소프트웨어 개발에 성공했어.

1975년 7월 17일 16시 19분 9초, 프랑스 상공 220킬로미터 지점에서 마침내 아폴로 우주선과 소유스 우주선이 도킹에 성공했어. 3명의 미국 우주비행사와 2명의 소련 우주비행사는 에어락을 통해 만나 악수했지. 그들은 44시간 동안 함께 비행하며 네 가지의 실험을 수행했고 서로의 우주선을 방문하고 함께 식사하며 음악도 들었대. 양방향 번역 시스템은 두 우주선의 성공적인 만남에 크게 이바지한 거지. 번역 소프트웨어의 개발이 없었다면 우주선 도킹 프로젝트는 몇 년 뒤로 미뤄졌거나 무산되었을 거야.

우주선 도킹 프로젝트를 위해 개발된 번역 소프트웨어의 안정성이 입증되자 기계 번역의 상용화가 빠르게 진행됐어. 토마 박사는 복사기 제조 회사인 제록스(Xerox)사의 의뢰를 받았지. 제록스사는 제품을 국제적으로 판매하기 때문에 제품 설명서를 여러 언어로 번역해야 했거든. 번역 및 인쇄 시간을 단축하여 경쟁력을 강화하고자 제록스사는 토마 박사와 번역 소프트웨어 계약을 체결했어. 이후 제록스사는 프랑스어, 스

페인어, 이탈리아어, 포르투갈어로 작성된 설명서를 제품에 포함하여 판매할 수 있었어.

1990년대가 되면서 번역 기술은 '통계 기반 번역(SMT)'이라는 새로운 시대로 접어들어. 이 방식은 한 문장이 다른 언어로 번역될 확률을 컴퓨터가 스스로 학습하는 방식이었지. 컴퓨터는 수많은 번역 사례를 읽으면서 'apple'이 대부분 '사과'로 번역된다는 사실을 통계적으로 이해하게 돼.

1997년에는 '알타비스타'라는 검색 사이트가 처음으로 웹사이트에서 바로 사용할 수 있는 번역 서비스 '바벨 피시(Babel Fish)'를 만들었고 사용자는 웹페이지 내용을 복사해서 붙여넣으면 자동으로 번역된 결과를 받을 수 있었어. 이제 번역 기술은 단지 여행 도우미가 아니라, 외국과의 비즈니스, 국제 협약, 의학, 과학, 법률 문서 등 전문적인 영역에서도 활발히 쓰이지.

과학
톡톡

어떻게 번역해? 양방향 번역 소프트웨어 원리

토마 박사가 펼쳐낸 자동 번역 소프트웨어, 어떻게 작동하는지 간단하게 알아볼까?

자동 번역 소프트웨어가 하는 일은 단순히 단어를 바꾸는 게 아니야. 사실은 입력된 언어를 수학적인 데이터로 바꾼 뒤, 그 패턴을 다른 언어의 데이터와 연결하는 거지.

문장은 바로 번역하기엔 너무 크고 복잡해. 그래서 소프트웨어는 문장을 잘게 쪼개 '토큰'이라는 작은 단위로 바꿔. 예를 들어 "나는 학교에 간다"라는 문장은 [나] [는] [학교] [에] [간다]처럼 잘라놓는 거지.

이 단어 조각들을 그냥 글자로 두면 컴퓨터는 이해할 수 없어. 대신 각 단어를 숫자로 바꿔야 하지. 이때 쓰이는 게 '벡터'야. 벡터는 단어를 수학적 좌표처럼 표현한 거야. 예를 들어 '학교'를 (2,5), '교실'을 (2,6) 같은 좌표로 나타낸다고 해보자. 좌표가 비슷하면 단어도 비슷한 뜻을 가지는 거야. 그러니 '학교'와 '교실'의 좌표는 가깝고, '학교'와 '피자'의 좌표는 비교적 멀겠지? 즉, 벡터는 단어의 의미를 숫자로 기록한 지도 좌표라고 보면 돼.

소프트웨어는 이런 좌표들을 모아 문맥 속에서 어떤 조합이 자연스러운지 학습해. 뇌의 뉴런을 본뜬 인공신경망이 여기서 작동하지. 예전에는 단어만 하나씩 대응시켜 번역했지만, 지금은 문장을 통째로 보고 문맥을 이해해 조합할 수 있게 발전했지. 그래서 "I go school"처럼 딱딱하게 번역되던 게 요즘은 "I go to school"처럼 자연스럽게 번역되는 거야.

그럼 왜 토마 박사의 업적이 특별했는지 궁금해질 거야.

당시 사람들은 영어와 러시아어처럼 문법이 크게 다른 언어를 양쪽 방향으로 다 번역하는 건 불가능하다고 생각했어. 왜냐하면 한쪽 언어에만 있는 문법 요소(예를 들어 러시아어의 격 변화, 영어의 관사 같은 것)를 단순히 바꿔서는 반대쪽으로 되돌리기가 어렵기 때문이야.

토마 박사는 이 문제를 '중간 표현'이라는 방법으로 풀었어. 입력된 문장을 먼저 중립적인 의미 구조로 바꾼 다음, 거기서 목표 언어로 다시 조립하는 거지. 쉽게 말하면, 번역기를 "직역 사전"이 아니라 "중간 통역사"로 만든 거야.

입력 문장

나는 학교에 간다

↓

벡터 표현

(3,1) (5,6) (2,5) (1,4)

↓

중간 단계

I go school

↓

출력 문장

I go to school

한국어에서 영어로, 영어에서 한국어로 번역할 때 똑같이 이 중간 단계를 거치니까 양방향 번역이 가능해진 거지.

결국 번역 소프트웨어는 단어를 단순히 바꿔 끼우는 기계가 아니라, 언어를 잘게 나누고, 숫자로 바꿔 좌표처럼 기록한 뒤, 문맥에 맞게 재조합하는 과학적인 시스템이야. 그리고 토마 박사가 만든 '중간 표현' 방식은 언어가 서로 달라

도 오고 가는 길을 열어준, 번역 소프트웨어 역사에서 아주

중요한 아이디어였던 거야.

4부

혁신을 이끌 나사의 기술

11장

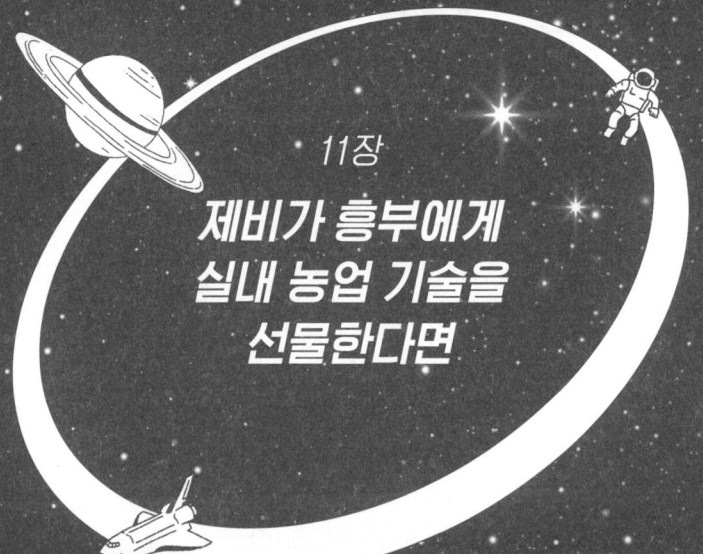

제비가 흥부에게
실내 농업 기술을
선물한다면

#1

옛날 어느 마을에 놀부와 흥부 형제가 살았습니다. 동생 흥부는 마음씨가 착했지만, 놀부는 심성이 몹시 고약했어요. 부모님이 모두 돌아가신 후 놀부는 유산으로 받은 많은 재산을 독차지하고 동생 흥부를 내쫓았습니다. 어쩔 수 없이 흥부는 건넛산 언덕 밑에 수숫대로 얼기설기 집을 짓고 살았습니다. 집은 지었지만, 양식이 한 톨도 없어 흥부네 식구들은 하루 종일 굶었는데, 하루는 참다못한 흥부가 놀부를 찾아갔습니다.

흥부는 아이들이 하루 종일 굶었다며 울면서 식량을 조금 달라고 사정했지만, 놀부는 화를 버럭 내며 몽둥이로 흥부를 두들겨 팼지요. 놀부 아내는 밥을 푸던 주걱으로 흥부의 뺨을 후려치기까지 했습니다. 흥부는 정신이 아찔했지만, 뺨에 붙어 있던 밥알을 얼른 입에 넣었습니다.

집으로 돌아온 흥부는 형님네 집에서 있었던 일을 아내에게 얘기하지 않았습니다. 흥부와 아내는 남의 집 일을 도와주고 푼돈을 받아 생계를 이어갔지만 살기는 막막했습니다. 세월이 흘러 따뜻한 봄이 찾아오자, 강남(중국 양쯔강 남쪽의 동남아시아 지역)에서 제비 한 쌍이 날아와 흥부네 집 처마에 집을 짓고 새끼를 낳았습니다.

하루는 큰 구렁이 한 마리가 별안간 나타나 제비집을 공격하자 놀란 제비 새끼 한 마리가 달아나다가 그만 땅에 떨어지고 말았습니다. 흥부는 구렁이를 쫓아내고 새끼 제비의 부러진 다리를 실로 감고 정성껏 치료해 주었지요.

추석 무렵이 되자 제비 식구는 흥부에게 인사를 하고 강남으로 돌아갔습니다. 다음 해 봄이 오자 제비는 '보은박'이란 글자가 적힌 박씨를 물고 다시 흥부네 집을 찾아왔습니다. 흥부는 박씨를 울타리 밑에 심었는데, 5일 만에 큰 박 네 통이 열렸습니다.

흥부와 아내는 톱을 마주 잡고 박을 잘랐습니다. 첫 번째 박을 열자, 안에서 온갖 금은보화가 쏟아져 나왔는데, 말 그대로 대박이었지요. 두 번째 박을 열었더니 그 안에서 여러 명의 목수가 나왔습니다. 목수들은 좋은 터를 잡아 흥부에게 대궐 같은 집을 지어주었습니다. 세 번째 박을 열자, 아래위가 붙은 흰옷을 입은 서양 사람 여러 명이 나타났습니다. 왼쪽 가슴에는 '나사'라고 쓰여 있었지요. 흥부는 깜짝 놀라며 물었습니다.

"누, 누구시오?

"우리는 나사 연구원입니다. 지난해 흥부님께서 다리 다친 제비를 구해주셨다지요? 흥부 님의 따뜻한 마음씨에 감동한 강남의 제비왕께서 특별히 선물을 보내셨습니다. 마지막 박을 열어보세요."

흥부와 아내가 마지막 박을 열자, 안에는 여러 층의 긴 선반과 여러 가지 색의 LED 등이 달린 조명 판이 나타났고 뒤이어 처음 보는 기계들이 나왔습니다.

"이게 다 무엇입니까?"

그러자 나사 연구원이 말했습니다.

"달이나 화성 탐사를 하는 우주인이 짧은 기간에 식량을 수확하도록 개발된 것입니다. 이것만 있으면 흥부님 가족들은 더 이상 굶지 않고 먹고 싶은 음식을 드실 수 있을 겁니다."

— ○ —

국제우주정거장에 살고 있는
또 다른 생명체

2015년 개봉한 영화 〈마션〉은 화성 탐사 도중 모래폭풍을 만나 화성에 혼자 남은 식물학자 마크 와트니의 이야기를 그린 작품이야. 영화에는 와트니가 화성의 흙과 동료들이 남긴 인분(비료)으로 감자 농사를 짓는 장면이 나오는데, 감자는 잘 자랐을까? 그리고 와트니는 왜 굳이 척박한 곳에서 농사를 지으려 했던 걸까?

국제우주정거장처럼 지표면에서 비교적 가까운(대략 400킬로미터) 곳에 있는 우주인들은 정기적으로 지구에서 식량을 공급받을 수 있어. 국제우주정거장에는 평균 45일마다 로켓으로 식량, 장비, 연료 등이 배송되거든. 하지만 달이나 화성처럼 멀리 떨어진 곳은 지구에서 식량을 수송하기란 쉽지 않지. 달은 지구에서 380,000킬로미터, 화성은 가장 가까울 때도 54,600,000킬로미터나 떨어져 있으니 말이야. 그래서 달이나 화성에서 장기적인 임무를 수행하기 위해선 우주인 스스로 식량을 재배해야 하지. 하지만 알다시피 식물이 자라기 위해선 여러 가지 조건이 필요하잖아? 적절한 양분이 있는 흙도 필요하고, 산소랑 물도 있어야 하지. 충분한 빛도! 그래서 단기간에 식량을 재배하려면 흙이 없는 우주선 내부나 달, 화성의 탐사기지 내에서 식물을 재배해야 했어. 그런데 의외의 복병이 하나 더 있어. 바로 '중력'! 다른 조건은 물론 중력까지 약했던 공간에서 식물을 어떻게 키울 수 있을까?

우주 농업,
지구 농업의 미래가 되다

나사는 우주 프로그램 초창기 때부터 햇빛과 풍부한 물이 없는 환경에서 식물을 재배하는 방법을 연구했어. 우주선에서 나오는 각종 폐기물과 이산화탄소를 재활용해 산소와 식물을 재배하는 게 목적이었지. 실제로 국제우주정거장엔 우주 정원이라 불리는 식물 생산 시스템 '베지(Veggie)'가 있었는데, 2015년 11월 나사는 베지를 이용해 식물 생장 실험을 시작해. 여행 가방 크기 정도로 6개의 식물을 넣을 수 있는 베지는, 비료와 성장을 도와주는 물질이 채워진 점토 형태에서 식물을 길러내는 방식이었는데, 국제우주정거장 승무원들은 실제로 베지에서 상추, 배추, 토마토 등 다양한 식물을 재배하는 데 성공했어. 다만 우주라는 특수한 상황에서도 식물을 잘 재배할 수 있도록 몇 가지 장치가 추가되었지.

지구에서는 물을 주면 중력이 아래로 끌어당겨 뿌리로 스며들지만, 우주에서는 물방울이 둥둥 떠다니기 때문에 뿌리까지 잘 닿지 않아. 그래서 우주에서는 '흙' 대신 식물 베개라는 주머니에 씨앗을 심어. 이 주머니 안에는 물을 잘 머금는 스펀지 같은 재료가 들어 있어서, 우주인이 주사기로 물을 넣어주면 뿌리가 필요할 때마다 빨아 쓸 수 있어.

빛은 어떡했을까? 우주정거장 창문으로 들어오는 햇빛만으로는 부족하니까, 베지 안에는 빨강ㆍ파랑ㆍ초록빛을 내는 LED 조명을 달았어. 빨간빛은 광합성을 돕고, 파란빛은 줄기와 잎 모양을, 초록빛은 우주인의 기분을 좋게 해주지.

게다가 지구에서는 바람이 자연스럽게 공기를 섞어주지만, 우주에서는 대류 현상이 없기 때문에 공기가 잘 섞이지 않아서 베지 안에 작은 선풍기를 넣어줬대. 식물 잎 주변의 공기를 순환시킬 수 있도록 말이야. 이때 우주인이 내쉬는 숨에 있는 이산화탄소도 광합성 재료로 쓰였대.

마지막으로, 지구에서는 식물이 중력을 느껴 뿌리를 아래로, 줄기를 위로 자라게 하지만 우주에는 중력이 거의 없어. 대신 식물은 빛을 따라 자라는 성질(광굴성)을 이용해서 위아래를 구분하지.

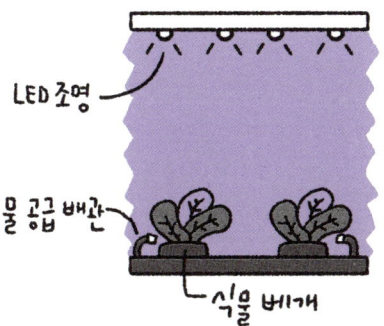

LED 조명

물 공급 배관

식물 베개

결국 베지는 '식물 베개(물 공급) + LED 조명(빛) + 팬(공기) + 빛 자극(방향)'을 이용해, 무중력 우주에서도 푸른 채소를 키울 수 있게 한 과학 장치야. 신기하지?

2016년 1월 16일, 우주인 스콧 켈리(Scott Kelly)는 베지에서 핀 백일초 사진을 공유하며 "우주에 (사람 외에) 다른 생명체도 있다!"라며 즐거워했지. 베지에서 수확한 채소의 일부는 승무원이 먹고 나머지는 분석을 위해 지구로 가지고 왔다고 해.

국제우주정거장의 베지에서
키운 밀   ©NASA

광굴성은 왜 생기는 걸까?

식물이 광굴성을 보이는 핵심 이유는 광수용체 단백질과 생장호르몬 옥신의 작용 때문이야. 먼저 광수용체를 보자. 식물은 빛을 단순히 에너지원으로만 쓰는 것이 아니라, 특정 파장을 감지하는 센서 단백질을 갖고 있어. 그중 파란빛을 인식하는 수용체가 바로 포토트로핀이야. 포토트로핀이 줄기의 한쪽 면에 더 강하게 빛이 들어올 때 활성화되면, 옥신의 분포를 바꿔놓는 신호를 보내지.

여기서 옥신이 중요한 역할을 해. 옥신은 세포 신장을 촉진하는 식물 호르몬으로, 줄기 세포벽을 느슨하게 만들어 세포가 물을 흡수하면서 늘어나게 하거든. 그런데 빛을 받는 쪽보다 빛을 덜 받은 쪽에 옥신이 더 많이 모이게 돼. 그 결과 빛 반대쪽 세포가 더 길게 자라면서 줄기가 빛 쪽으로 휘어지게 되는 거야.

반대로 붉은빛은 주로 피토크롬이라는 수용체에 의해 감

지되며, 발아 시기, 개화, 생체주기 조절 등에 관여하지. 그래서 우주에서 식물을 재배할 때는 단순히 밝기만이 아니라, 파란빛은 방향 제시, 붉은빛은 발달 조절이라는 두 가지 역할을 함께 고려해야 하는 거야.

나사는 바로 이 원리를 이용해. 무중력 환경에서는 중력굴성이 작동하지 않으므로, LED 조명의 파장 조합으로 식물의 줄기 방향과 생장 균형을 조절해. 실제로 우주정거장의 베지 프로젝트에서는 파란빛과 붉은빛 LED를 최적 비율로 섞어, 줄기가 곧게 뻗으면서도 잎과 꽃이 잘 발달하도록 하고 있는 거야.

즉, 식물이 '빛을 따라 자란다'는 단순한 현상 뒤에는, 포토트로핀 - 옥신 신호 네트워크와 피토크롬의 장기 조절 같은 정교한 메커니즘이 숨어 있는 거지. 우주 농업은 바로 이 기본 원리를 정밀하게 응용하는 실험장인 셈이야.

#2

흥부가 제비를 도와주었다가 이후 큰 부자가 되었다는 소문이 놀부의 귀에도 들어갔습니다. 욕심 많던 놀부 부부는 내년 삼월에 제비가 찾아오길 손꼽아 기다렸지요. 이듬해 봄, 놀부의 간절함이 통했는지 제비 한 쌍이 놀부네 집에 집을 지었고 얼마 후 새끼 제비가 태어났습니다.

이를 눈여겨보던 놀부는 제비를 위험에 빠트리기 위해 뱀을 찾아 나섰습니다. 곧 길에서 뱀을 만났고, 놀부는 뱀을 몰아 집으로 가려 했습니다. 하지만 정작 뱀에게 물린 건 놀부였고, 이에 화가 난 놀부는 집으로 돌아와 자기가 뱀인 양 제비 새끼를 잡아 일부러 발목을 부러뜨려버렸습니다. 그러곤 실로 제비 다리를 대충 동여매 주었지요. 하지만 새끼 제비는 제대로 날지 못했고, 겨우겨우 날다가 흥부네 집에 떨어졌습니다. 이를 본 흥부는 또 다시 제비

4부 | 혁신을 이끌 나사의 기술

를 정성껏 치료해 주었고, 그 덕에 새끼 제비는 완벽히 나을 수 있었습니다.

한편 흥부는 박에서 나온 금은보화로 논과 밭을 사 농사를 지었지만, 하필 그해 병해충이 유행해 작물들이 시름시름 말라버렸습니다. 흥부는 약을 구해와 분무기로 뿌려 보았지만, 식물에 뿌려지는 양보다 바람에 날려 엉뚱한 곳에 다다르는 양이 더 많았습니다. 이를 지켜보던 제비가 9월이 되기 전에 강남으로 날아가 박씨 하나를 물어 왔습니다. 흥부가 박씨를 울타리 밑에 심었더니 5일도 지나지 않아 사람 키만 한 박 두 개가 열렸습니다. 흥부와 아내는 톱으로 박을 가르자 박 안에서 나사 직원이 뿅 나타났습니다.

"흥부님, 안녕하셨어요?"

그러자 흥부가 반가워하며 말했습니다.

"아이고, 오랜만이오. 덕분에 아이들과 아내와 잘 지내고 있소이다. 하하, 그런데 걱정거리가 하나 생겼소. 논밭을 사서 농사를 짓는데, 작물이 병들고 해충이 들끓어 걱정이오. 약을 치려고 해도 분무기가 시원찮은지 열 번 뿌려도 한 번 닿을까 말까 하는 수준으로 바닥에 떨어지니…."

"네 흥부님, 제비에게 이미 이야기를 전해 들었습니다. 그래서 이번에는 저희가 우주에서 식물을 키울 때 쓰던 분

무기를 가져왔어요. 이걸 한번 써보세요. 정전기 분무기입
니다."

흥부는 나사 직원이 건네준 분무기를 받으며 말했습니다.
"정전기… 분무기? 희한한 물건이구려."

"한번 써보시면 더 이상 병해충으로 골머리 앓을 일은
없을 거랍니다."

흥부는 기뻐하며 얼른 새 분무기에 약을 타서 논밭에 뿌
렸습니다. 그랬더니 열 번 중 아홉 번은 작물의 잎에 달라
붙었습니다. 얼마 지나지 않아 병해충은 씻은 듯 사라졌
고, 흥부는 가을에 풍년을 맞이할 수 있었답니다.

— ○ —

스프레이 한 통이 만든 전쟁의 반전

우리가 흔히 쓰는 스프레이는 사실 전쟁에서 먼저 활약한 발
명품이야. 1927년, 노르웨이의 기술자 에릭 로트하임(Erik
Rotheim)이 스프레이 특허를 받았고, 그로부터 약 10년 후 미
국에서는 강철 캔에 노즐을 붙인 '에어로졸 스프레이 캔'을 만

들었지. 이건 지금 우리가 사용하는 모기약 스프레이, 헤어스프레이, 방역 소독제의 시초가 된 기술이야.

무언가를 넓고 빠르게 퍼뜨릴 수 있다는 장점을 가진 스프레이는 제2차 세계대전 중 태평양 전쟁 때 주목받았어. 미국이 일본과 전투를 벌이던 과달카날이라는 섬은 덥고 습해서 말라리아 모기가 극성이었지. 그래서 그곳은 전투로 인한 사망자보다 말라리아로 인한 사망자가 더 많았대. 이때 미군은 DDT라는 살충제를 스프레이 캔에 넣어 천막, 침낭, 군용 비행기 안에 뿌렸고, 이 덕분에 모기 개체 수를 크게 줄일 수 있었지만, 시간이 지나면서 새로운 문제가 생겼어.

기존의 스프레이는 액체를 아주 작은 물방울, 즉 '에어로졸' 상태로 만들어 공기 중에 뿌리는 방식이었어. 그런데 이렇게 뿌린 물방울은 대부분 공기 중에 떠다니다 결국 바닥으로 떨어지고 말았거든. 특히 농업에서 이런 현상은 심각했지. 식물에 농약이나 영양제를 뿌려도 절반 이상이 땅에 떨어지니까 효과를 볼 수 없었어. 비싼 약값을 감당하기도 벅찼고, 흩어지는 살충제 때문에 땅과 하천도 오염되었지.

그래서 만들어진 게 '정전기 스프레이'야. 정전기 스프레이는 분무된 물방울이 전기를 띠도록 만든 거야. 풍선을 불어 옷에 문지른 후 벽에 붙이면 접착제 없이 한동안 붙어 있는 것과 같은 원리지. 일종의 액체 전기를 뿌려 전기의 힘으로 물을 목표 지점에 붙이는 거라 생각하면 쉬워. 이 덕분에 바닥에 떨어져 낭비되는 용액의 양을 줄일 수 있고, 가능한 많은 양이 목표 지점에 도달해 효율성을 높일 수 있었지.

나사가 분무기에 꽂힌 이유

정전기 스프레이에 나사가 관심을 가지게 된 건 국제우주정거장에서 식물을 키우기 위해서였어. 식물이 성장하기 위해선 아무리 우주에서라도 물은 필수였지. 그러나 국제우주정거장에서 식물에 물을 주는 건 지구에서 호스로 정원의 나무들에 물 주는 것만큼 쉽지 않아. 무중력 상태인 우주에서는 표면장력에 의해 물이 공 모양으로 뭉쳐지거든. 최대 10센티미터 정도의 물방울 공을 만들 수 있을 정도래. 이렇게 물이 공처럼 뭉쳐지면 식물에 잘 흡수되지 않아.

그래서 나사는 정전기 스프레이를 사용해 봤어. 물방울에 전기를 띠게 하는 정전기 스프레이 덕분에 물방울이 식물에 달라붙는 것까진 성공했어. 하지만 나사 연구진은 이 정전기 스프레이 장치가 작동하기까지 공기와 물이 생각보다 너무 많이 소모된다는 걸 동시에 깨달았지. 초기 정전기 스프레이 장치는 '공기로 물을 잘게 쪼갠 뒤' 거기에 전기를 띠게 만든 거라 공기와 물이 많이 소모되었거든. 공기는 물론 소변에서 물을 뽑아 쓸 정도로 귀했던 자원을 사용하기엔 부담스러운 기계였지.

그래서 나사는 이 문제를 해결하기 위해 케네디 우주 센터에서 연구를 시작했어. 케네디 우주 센터의 찰스 부흘러 (Charles Buhler) 박사는 한여름의 놀이공원에서 줄을 설 때 더위를 식히기 위해 작은 물방울을 뿌려주는 분무 노즐을 떠올렸어. 이 노즐에선 물이 뿌려진다기보단 날리는 형태라, 공기를 세게 불어 넣지 않아도 미세 물방울을 만들 수 있었지. 물 자체가 노즐에서 아주 작은 구멍을 지나면서 미세 입자로 분리되면, 공기를 많이 쓸 필요가 없으니 우주에 잘 맞는 '노즐'을 만들어 사용하면 되겠다고 판단한 거야. 그 결과 우주에서 사용하기 좋은 정전기 분무기를 개발했고, 별도의 공기 압축 장치 없이 가볍고 저렴해진 분무기로 '효율적이고 경제적인 우주 농업'을 해나갈 수 있었지.

정전기 스프레이, 어떤 원리 덕분일까?

물을 뿌리는 데 전기가 무슨 상관이지? 의문이 드는 학생이라면 여기를 주목! 좀더 상세하게 과학 원리를 설명해 줄게.

사실 정전기 스프레이는 물방울 속에서 벌어지는 표면장력과 전기력의 줄다리기에서 탄생한 기술이야. 물 분자들은 서로 강하게 끌어당겨 가능한 한 표면적을 줄이려는 성질이 있어. 이를 표면장력이라고 해. 그래서 물방울은 항상 동그란 모양을 하고, 노즐 끝에서도 물은 똘똘 뭉쳐서 뚝뚝 떨어지려 하지. 반면 전하를 띤 입자 사이엔 서로 끌어당기거나 밀어내는 전기력이 작용하지. 전기력은 양극과 음극은 서로 끌어당기고, 같은 극끼리는 서로 밀어내는 힘이야. 이 힘은 물방울 표면에도 작용할 수 있어.

그런데 분무기 노즐에 전압을 걸어주면, 물방울 표면에 전하가 물리면서 강한 전기장이 생겨. 이 전기장은 표면의 전하들을 바깥쪽으로 잡아당기며 물방울을 점점 뾰족한 모양으로 변하게 만들지. 이때 나타나는 모양을 '테일러 콘(Taylor Cone)'이라고 해. 영국의 수학자 제프리 테일러(Geoffrey Taylor)의 이론에 따르면 물방울이 전기장의 힘에 눌려 원뿔 모양으로 바뀐다는 거지. 그리고 전기력이 표면장력을 이기는 순간, 이 테일러 콘의 끝에서 전하를 띤 미세한 액체 제트(Jet)가 공기 중으로 분사돼.

이렇게 나온 미세 물방울은 모두 같은 전하를 띠기 때문에 서로 밀어내며 넓게 흩어지고(척력), 반대로 반대 전하를 띤 식물 잎사귀 같은 표면에는 강하게 끌려 달라붙는 거야(인력). 그래서 정전기 스프레이로 나온 물방울은 단순히 뿌려지는 게 아니라, 마치 전기장이 직접 조각한 초미세 입자처럼 변신해 훨씬 효율적으로 퍼지고 달라붙는 거야.

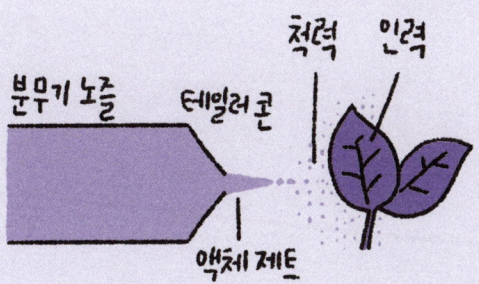

나사에서 개발한 정전기 분무기는 지구에서도 농업용으로 많이 사용되는데, 분무기를 통해 분사된 용액이 식물의 잎에 침투하는 범위가 기존 분무기보다 3배나 더 우수했대. 농부들은 25~50퍼센트까지 화학 비료 비용을 줄일 수 있다고 하니, 기후위기 시대에도 꼭 필요한 정말 놀라운 발명이지?

12장

정조가
수원화성 축조에
3D 프린터를
사용했다면

1762년 7월 12일 창경궁 휘령전 앞마당에서 아버지 영조와 극심한 갈등을 빚던 사도세자가 결국 뒤주 안에서 숨지고 말았습니다. 만 아홉 살의 나이로 아버지의 비극적인 죽음을 지켜보았던 정조 임금은 즉위하자마자 아버지의 죽음을 기리고 명예를 회복하고자 했지요. 그래서 아버지 사도세자의 무덤을 양주에서 수원으로 옮기고 이름을 현륭원이라 하였습니다.

정조는 여기서 그치지 않고, 아버지의 무덤이 들어선 자리에 있던 시가지를 현재의 수원화성으로 옮기고 신도시를 건설하기로 했습니다. 화성 축조는 아버지에 대한 효심에서 비롯되었지만, 화성은 단순한 성곽이 아니라 군사적 요충지로 설계되었습니다. 하지만 새로운 성의 건설에는 많은 돈과 물자, 인력이 필요했고, 정조는 이를 논의하기 위해 채제공을 비롯해 주변 신하들을 불렀습니다.

"경들을 특별히 부른 이유는 화성을 쌓는 일에 관해 의논하고자 함이오. 벽돌을 구하는 데 어려움이 있다고 들었는데, 내가 좋은 방법을 하나 생각해 내었소."

그러자 신하들이 정조에게 어떤 방법인지 물었습니다.

"고을 주변에 버섯을 기르시오. 그러면 버섯의 균사체를 이용해 벽돌을 만들 수 있을 것이오."

정조의 말에 의아해하던 채제공이 정조에게 다시금 물었습니다.

"전하, 버섯으로 어떻게 벽돌을 만들 수 있사옵나이까?"

그러자 정조가 말했습니다.

"미리견의 나사에서 달이나 화성에 집을 짓기 위해 고안한 방법이라 하오. 버섯을 재배한 다음 버섯의 갓과 줄기는 먹고 땅속에 있는 균사체로 벽돌을 만들 수 있다고 하오."

그 말을 들은 채재공과 신하들은 고개를 갸웃거렸지만, 정조는 자신감 있는 표정으로 버섯 재배를 명하였습니다.

— ○ —

　　　　　　　　　　　　4부 | 혁신을 이끌 나사의 기술

달에 거주하려면 집이 필요한데…

인류가 달이나 화성에 정착하기 위해서는 가장 먼저 집이 필요해. 하지만 달과 화성은 지구와는 전혀 다른 환경이라 따져봐야 할 조건이 많아.

달은 일교차가 300도나 돼. 중력도 약하기 때문에 한 번 먼지를 일으키면 몇 달 동안 공중에 떠다니지. 게다가 대기가 없으니 우주 방사선에 그대로 노출돼. 우주 공간을 떠다니던 운석도 그대로 표면까지 떨어지니 위험하지. 이런 극한 환경에 집을 짓는 것은 여간 쉬운 일이 아니야.

환경의 문제도 있지만 재료의 문제가 더 커. 20층 아파트 한 동의 무게를 약 8,000톤 정도로 추정하면, 달에 20층 아파트를 짓기 위해 8,000톤가량의 건축 자재를 우주선으로 실어 날라야 하지. 아폴로 우주선을 달에 보낼 때 사용했던 새턴 V 로켓이 한 번에 실어 나를 수 있는 중량은 53톤 정도야. 단순한 계산으로 달에 20층 아파트를 짓기 위해서는 새턴 V 로켓을 150번 발사해야 하지.

화성의 조건도 달과 크게 다르지 않아. 화성의 평균 온도는 -63도이고, 자기장은 지구의 800분의 1에 불과해. 행성의 자기장은 우주 방사선을 막아주는 역할을 하는데, 자기장이 거의 없는 화성도 달과 마찬가지로 우주 방사선의 공격을 피할 수 없어. 그리고 화성은 달보다 훨씬 멀리 있지. 화성은 지구와 가까울 때도 달보다 거의 140배 이상 떨어져 있고, 멀리 있을 때는 1,000배나 더 멀리 떨어져 있어. 게다가 달과 지구 사이의 거리는 거의 일정하게 유지돼서 언제든지 출발할 수 있지만 화성은 780일마다 지구와 가장 가까워지기 때문에 때를 기다려서 출발해야 하지. 결국 지구에서 건축 재료를 싣고 가서 화성에 집을 짓는 것은 사실상 불가능하다고 볼 수 있어. 지구에서 못 갖고 간다면? 현지(화성)의 재료를 활용할 수밖에 없어.

집, 짓지 말고 자라게 하자!

나사는 오래전부터 이런 문제를 해결하기 위해 다양한 대안을 연구했어. 지구에서 가벼운 첨단 자재를 가져가거나, 현지의 흙인 레골리스를 활용하는 방법 등등. 하지만 모두 한계가 있었지. 그래서 완전히 새로운 아이디어에 눈을 돌렸지. 바로 집을 짓는 게 아니라 '키우는' 것!

2018년 나사 에임스 연구센터는 마이코 아키텍처 프로젝트(Myco-Architecture Project)를 발표했어. 핵심은 버섯의

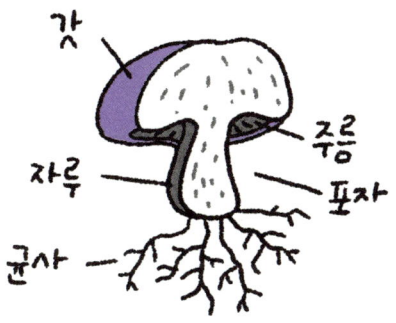

갓과 자루가 자실체. 버섯 안과 땅속에 퍼져 있는 실이 균사체

균사체를 이용해 집을 만드는 거야.

버섯을 식물이라고 생각하는 사람이 많은데, 사실은 아니야. 버섯은 죽은 나무나 낙엽, 퇴비 같은 기질(특정 생물이 자라거나 활동하기 위해 필요한 물질이나 환경)을 먹고 사는 곰팡이 계에 속해. 우리가 흔히 먹는 버섯의 갓과 줄기는 사실 꽃에 해당하는 자실체일 뿐이야. 버섯의 진짜 몸통은 땅속이나 기질 속에 뻗어 있는 균사체지. 눈에 보이는 부분보다 눈에 보이지 않는 균사체야말로 핵심인 셈이지. 균사체는 실처럼 가늘게 얽히고 퍼져나가고, 기질만 있으면 어디서든 잘 자라. 이 성질을 건축에 활용할 수 있어. 실제로 아프리카 나미비아에서는 생태계를 파괴하는 아카시아 멜리페라라는 나무를 잘게 부숴 버섯 기질로 사용했더니 버섯이 무럭무럭 자랐대. 게다

가 버섯을 수확한 뒤 남은 기질과 균사체를 압축했더니 단단한 블록이 만들어졌지.

연구팀은 바로 이 원리를 우주 건축에 적용했어. 벽돌이나 철근 대신, 아주 작은 버섯 포자와 최소한의 영양분만 달아나 화성으로 가져가는 거야. 그리고 버섯의 자실체는 먹고 균사체는 건축에 활용하는 거지. 마치 농부가 씨앗 한 봉지를 들고 새로운 땅에 가듯이 말이야. 무거운 콘크리트 대신 포자 한 줌으로 집을 재배한다니, 정말 혁명적인 발상이잖아?

스머프처럼, 버섯집에서 시작하는 우주 생활

균사체 건축은 놀라운 가능성을 보여줘. 균사체 건축 자재는 가볍지만 강도가 높고, 제작 과정에서 드는 에너지도 적지. 무엇보다 친환경적이야. 기존의 콘크리트는 제조 과정에서 이산화탄소를 대량 배출하지만, 균사체는 오히려 이산화탄소를 흡수하거든. 화재가 나더라도 독성 가스를 방출하지 않아 안전하며, 실내의 유해 물질을 흡수해 공기를 깨끗하게 유지하는 효과도 있지. 열전도율도 낮아 단열재로 쓰일 수 있고, 소리와 진동을 75퍼센트 가까이 흡수해 소음이 심한 우주선이나 국제우주정거장에 적용하기에도 적합하지. 더 나아가 멜라닌이 풍부한 균사체는 방사선을 흡수하는 능력까지 있어서 달이나 화성에서 우주인을 보호하는 방패도 될 수 있어. 만약 화성의 토양에서 얻은 납 성분을 섞으면 그 효과는 더욱 커질 거야.

균사체를 활용한 건축 방식 또한 다양한데, 공장에서 벽돌처럼 배양해 건조한 뒤 현장에서 조립하는 균사체 '블록 조립법', 거푸집에 균사를 직접 배양해 벽체가 스스로 자라게 하는 '현장 발효 공법', 따로 만든 균사체 자재를 현장에서 이어 붙이는 '마이코 용접법' 등이 있어. 나사는 현재 비닐봉지나 돔 모양의 틀 안에 균사와 기질을 넣어두고, 균사가 자라면서 스스로 건물 형태를 만들어내는 방법을 연구 중이야. 마치 바람 빠진 튜브에 공기를 불어 넣으면 서서히 부풀어 오르듯, 균사가 스스로 자라 구조물을 완성하는 거지. 게다가 우주인들이 생활하면서 생기는 음식물 쓰레기 같은 폐기물도 기질로 활용할 수 있어 '자원 재활용형 건축'이 되는 셈이야.

균사체는 단순한 대안이 아니라, 인류가 다른 행성에서 살아가기 위해 꼭 필요한 열쇠가 되고 있어. 버섯에서 비롯된 작은 실오라기가 머지않아 달과 화성에 인류의 보금자리를 세우는 재료가 될지도 몰라. 어쩌면 언젠가 지구의 건설 현장에서도 시멘트 트럭 대신 '버섯 농장'이 등장할지 모르지. 콘크리트 대신 버섯 균사체로 지은 집, 상상만 해도 멋지지 않아?

#2

1794년 착공한 화성은 1796년 완공되었습니다. 조선왕조
실록에는 화성이 축조되는 과정에서 정조가 백성들에게
폐를 끼치지 않으려는 마음이 잘 드러나 있습니다.

1794년 5월 22일, 화성 축조 공사 총감독인 채제공이 와
서 아뢰었습니다.

"국가에 큰일이 있을 때 백성을 부리는 것은 나라를 다
스리는 데 통용되어 온 관례입니다. 공자도 '백성을 시기
적절하게 부린다'고 하였지, 백성을 부리지 말라고 하지
않았습니다. 이번 화성 축조 공사도 국가의 큰일이므로 나
라가 백성들에게 일을 맡기지 않을 수 없고, 백성도 나라
를 위해 일을 하지 않을 수 없습니다."

이를 들은 정조가 말했습니다.

"경이 말하지 않더라도 내 어찌 이런 사정을 모르겠는

가. 그러나 화성 공사에 기어코 한 명의 백성도 강제로 일을 시키지 않으려 하는 것은 내가 뜻한 바가 있어서이다."

7월, 가뭄과 불볕더위가 심해지자, 정조는 공사를 중지시켰습니다. 그리고 그해 가을에 가뭄으로 흉년이 들자, 정조는 재차 공사를 중지시켰지요.

이에 신하들은 공사가 너무 늦어질까 걱정하였습니다. 그 마음을 읽은 정조가 말했습니다.

"공사가 너무 늦어지면 문제지만, 그렇다고 어려움에 부닥친 백성들을 그냥 두고 볼 수는 없구나. 백성들의 수고를 덜 수 있는 새로운 기계를 내어줄 터이니 수원에 보내 공사에 사용토록 하라."

"전하, 그것이 어떤 기계이옵니까?"

채제공이 묻자 정조가 답했습니다.

"삼차원 인쇄기라는 것이다. 이 인쇄기는 본래 열경화성 수지를 녹여 작은 물체를 만드는 데 사용했는데 미리견의 나사에서는 달이나 화성에 집을 지을 때 사용하려고 건축용 삼차원 인쇄기를 개발했다고 하네. 이걸 정약용이 고안한 거중기와 함께 쓴다면 공사 기간을 크게 단축할 수 있을 것이니라."

—○—

3D 프린터, 누가 개발했을까?

3D 프린팅 기술은 생각보다 오래된 기술이야. 3D 프린팅의 개념은 1945년에 출판된 과학 소설에 처음 등장했거든. 미국의 공상과학 소설가 머레이 레인스터(Murray Leinster)가 쓴 단편 소설 〈지나가는 것들(Things Pass By)〉에는 다음과 같은 내용이 나오지.

"…건축가인 나는 융통성이 있고 효율성을 추구한다. 나는 플라스틱을 움직이는 팔에 넣었다. 이 팔은 빛 센서로 스캔한 그림을 따라 공중에 그림을 그린다. 팔 끝에서 나온 플라스틱은 그림 위에서 딱딱하게 굳는다."

레인스터가 상상한 것은 요즘 사용하는 3D 프린팅 기술과 비슷해. 레인스터는 3D 프린터가 세상에 등장하는 것을 보지 못하고 죽었지만, 3D 프린팅에 관한 최초의 특허가 출원되면서 그의 상상은 점차 현실이 된 거지.

1971년 독일의 요하네스 고트발트(Johannes Gottwald)가 액체 금속을 쌓아 구조물을 만드는 장치에 대한 특허를 받았고, 1981년에는 일본의 히데오 코다마(Hideo Kodama)가 플라스틱을 한 겹씩 쌓아 올리는 방식을 고안했어. 그 뒤 1988년, 미국의 척 헐(Chuck Hull)이 세계 최초의 상업용 3D 프린터를 내놓으면서 기술은 비로소 세상에 자리 잡게 되었어. 당시 가격은 매우 비쌌지만, 지금은 몇십만 원대 보급형 제품까지 등장하며 누구나 활용할 수 있는 기술로 자리 잡았지.

나사가 3D 프린터에 주목한 이유

나사가 3D 프린터에 관심 가지게 된 건 우주라는 특수한 환경 때문이야. 우주에서는 필요한 물건을 바로 조달하기 어렵잖아. 예를 들어, 국제우주정거장에서 작은 렌치 하나가 필요해도 지구에서 실어 나르는 데 몇 달이 걸리고, 수천억 원의 발사 비용이 드니까.

"만약 우주에서 필요한 물건을 직접 만들어 쓸 수 있다면 어떨까?"라는 이 질문이 나사의 상상력을 자극했어. 결국 나사는 2014년 국제우주정거장에 세계 최초의 우주용 3D 프린터

(위)나사에서 주최한 '3D 프린터를 이용한 우주 탐사용 거주지 기술 개발 공모전' 로고, (아래)공모전에서 1위 수상한 화성에 지은 3D 프린팅 주택 상상도　　©NASA

를 보냈지. 우주비행사들은 이 장비로 도구, 부품, 실험 장치 등을 바로 제작해 사용할 수 있었어. 이 경험은 우주 탐사의 패러다임을 바꾸는 전환점이 되었지.

그런데 최근에는 3D 프린팅 기술이 단순히 우주비행사들이 필요한 도구나 부품을 제작하는 수준을 넘어서, 실제로 우주 건축에 적용될 가능성이 커지고 있어. 예를 들면 달이나 화성처럼 엄청난 운송 비용이 드는 환경에서는, 건축 자재를 모두 지구에서 실어 나르는 것보다 현지의 자원을 활용하고 3D 프린터로 구조물을 출력하는 것이 비용과 시간 면에서 훨씬 유리하다는 계산이 나오는 거지.

이런 움직임은 우주에서 필요한 건축 소재를 만드는 데에도 영향을 줄 수 있어. 예를 들어, 레골리스(달 토양)나 화성의 암석을 분말 형태로 가공하고, 거기에 플라스틱 폐기물이나 현지 자원을 섞어서 강화한 '잉크'를 만들어 대형 3D 프린터로 구조물 벽면을 출력하는 방식이 연구되고 있지. 이렇게 되면 운송 부담이 줄고, 구조물의 무게와 비용도 훨씬 절감될 수 있어.

이 지점에서 나사가 꿈꾸는 그림은 더 현실적이야. 달 근처 우주정거장에 이어 아르테미스(Artemis) 계획 하에서 정착지 건설이 구체적으로 계획되고 있고, 민간 우주 회사들도 화성 이주선을 개발 중이거든. 이런 맥락에서 3D 프린터는 우주 정착의 필수 공구가 되고 있지.

지구 생활에서의 활용도 물론 이미 시작됐지. 예컨대 건축용 3D 프린터로 비용을 획기적으로 낮춘 주택들이 나오고, 소재를 국산화한 덕분에 프린팅 재료의 비용이나 물류 부담이 줄어드는 추세야. 또 교육 현장에서는 학생들이 3D 프린터로 설계와 출력 과정을 직접 배우면서 창의력과 기술 역량을 기를 수 있게 되었고, 산업 현장에서는 맞춤형 의료기구, 자동차 부품 등 다양한 응용이 확대되고 있지.

3D 프린팅, 적층 제조의 기술!

3D 프린팅은 '적층 제조'라고 불려. 말 그대로 재료를 한 겹한 겹(Layer) 쌓아 올려서 물건을 만드는 방식이지. 반대로 금속이나 나무를 깎아내는 방법은 절삭 가공이라고 해.

가장 많이 쓰이는 방식은 용융 적층 방식(FDM, Fused Deposition Modeling)이야. 플라스틱 필라멘트를 뜨겁게 녹여서, 마치 초콜릿을 짜듯이 노즐을 통해 뽑아내 한 줄, 한 줄 쌓아 올려 물체를 만드는 거지. 이때 온도가 너무 낮으면 플라스틱이 잘 안 붙고, 너무 높으면 흐물흐물해서 모양이 무너져. 그래서 온도, 속도, 압력 같은 조건을 잘 조절하는 게 중요해.

금속을 프린트할 때는 조금 달라. 금속 분말 위에 레이저나 전자빔을 쏴서 녹인 다음, 차례대로 굳히면서 쌓아 올려. 이때는 에너지 밀도가 핵심이야. 빔이 약하면 구멍이 숭숭 뚫린 빵처럼 되고, 너무 강하면 재료가 튀어나오거나 갈라질 수도 있거든.

또 중요한 건 층과 층이 얼마나 잘 붙느냐(층간 결합)야. 각 층이 식고 굳으면서 살짝 줄어드는 열수축이 일어나는데, 이게 심하면 전체 모양이 휘거나 부서질 수 있어. 그래서 과학자들은 플라스틱이나 금속의 열적 성질(녹는점, 식는 속도, 팽창 정도)을 꼼꼼하게 계산해.

마지막으로 출력이 끝나면 후처리가 필요해. 플라스틱은 표면을 다듬거나 필요 없는 지지대를 떼어내고, 금속은 열처리(다시 가열해서 단단하게 하는 것)해서 튼튼하게 만들어. 특히 우주에서는 낮은 중력, 극한의 온도, 방사선 때문에 더 꼼꼼한 후처리가 필요하지.

정리하자면, 3D 프린팅은 그냥 '녹여서 찍어낸다'가 아니라, 재료 과학(재료가 어떻게 녹고 굳는지), 열역학(온도 변화와 에너지), 정밀 제어(기계가 얼마나 정확히 움직이느냐)가 모두 합쳐진 기술이야. 그래서 단순한 아이디어 같아 보여도 사실은 첨단 과학의 총집합이라고 할 수 있지.

만약 그때 우주공학이 있었다면?

초판 1쇄 인쇄 2025년 12월 5일
초판 1쇄 발행 2025년 12월 15일

지은이 | 김상협, 김홍균, 정상민

발행인 | 박재호
주간 | 김선경
편집팀 | 허지희
마케팅팀 | 김용범

디자인 | 석운디자인
일러스트 | 이크종(임익종)
종이 | 세종페이퍼
인쇄·제본 | 한영문화사

발행처 | 생각학교
출판신고 | 제25100-2011-000321호
주소 | 서울시 마포구 양화로 156(동교동) LG 팰리스 612-2호
전화 | 02-334-7932 팩스 | 02-334-7933
전자우편 | 3347932@gmail.com

ISBN 979-11-93811-68-9 43400